全球能源互联网研究系列报告

亚洲能源互联网研究与展望

全球能源互联网发展合作组织

中国电力出版社
CHINA ELECTRIC POWER PRESS

前言

能源事关人类可持续发展全局。当前世界面临资源紧缺、气候变化、环境污染、能源贫困等一系列重大挑战，根源是人类对化石能源的大量消耗和严重依赖。应对这些挑战，是实现人类可持续发展重大而紧迫的任务。从本质上看，可持续发展的核心是清洁发展，关键是推进能源生产侧实施清洁替代，以太阳能、风能、水能等清洁能源替代化石能源；能源消费侧实施电能替代，以电代煤、以电代油、以电代气、以电代柴，用的是清洁电力。全球能源互联网是清洁主导、电为中心、互联互通、共建共享的现代能源体系，为清洁能源在全球范围内大规模开发、输送、使用搭建平台，推动以清洁化、低碳化、电气化、网络化为特征的全球能源转型。构建全球能源互联网能够全面落实联合国"2030议程"和应对气候变化《巴黎协定》，保障人人享有清洁、可靠、可负担的现代能源，实现经济社会和生态环境的全面协调发展。

为加快推动全球能源互联网发展，自2016年以来，全球能源互联网发展合作组织对全球、各大洲、重点区域和国家能源互联网开展了系统深入研究。通过广泛调研、全面梳理分析全球经济社会、能源电力和气候环境等方面的数据信息，充分研究各国政府部门相关发展战略规划和政策，广泛吸纳有关国际组织、权威机构和企业的研究成果，应用先进的研究方法、模型和工具，对全球能源互联网发展愿景、路径和有关重大问题进行了研究和展望。目前已形成关于全球能源互联网及各大洲能源互联网的系列研究成果。系列研究成果首次针对全球范围的能源电力发展提出了系统性、全局性、创新性解决方案，对全球能源电力转型和清洁低碳发展进行顶层设计，填补了全球能源电力领域研究的空白，将为全球能源互联网和各大洲、重点区域和国家能源互联网发展提供决策参考，对于加快能源绿色转型、应对气候变化、实现人类可持续发展具有重要意义。

本报告为系列成果之一，是基于亚洲可持续发展需要，对亚洲能源互联网发展的系统谋划。内容共分7章：第1章介绍亚洲经济社会、资源环境和能源电力发展现状；第2章分析亚洲可持续发展和能源转型面临的挑战，提出亚洲能源互联网发展思路；第3章在实现全球2摄氏度

温控目标的指引下，展望亚洲能源电力转型发展趋势，提出情景预测；第 4 章研究清洁能源资源分布和大型发电基地布局；第 5 章基于电力平衡分析，研究提出电网互联总体格局和互联方案；第 6 章评估构建亚洲能源互联网所能带来的综合效益；第 7 章展望实现全球 1.5 摄氏度温控目标的亚洲能源电力清洁发展路径与情景方案。

希望本报告能为政府部门、国际组织、能源企业、金融机构、研究机构、高等院校和相关人员开展政策制定、战略研究、技术创新、项目开发、国际合作等提供参考。受数据资料和研究编写时间所限，内容难免存在不足，欢迎读者批评指正。

研究范围

本报告研究范围覆盖亚洲46个国家，划分为5个区域：❶

东亚　包括中国、日本、韩国、朝鲜、蒙古。

东南亚　包括柬埔寨、老挝、缅甸、泰国、越南、文莱、印度尼西亚、菲律宾、马来西亚、新加坡、东帝汶。

南亚　包括印度、孟加拉国、不丹、尼泊尔、斯里兰卡、巴基斯坦、马尔代夫。

中亚　包括土库曼斯坦、乌兹别克斯坦、吉尔吉斯斯坦、塔吉克斯坦、哈萨克斯坦。

西亚　包括伊朗、阿富汗、叙利亚、黎巴嫩、巴勒斯坦、以色列、约旦、伊拉克、科威特、沙特阿拉伯、也门、阿曼、阿联酋、卡塔尔、巴林、格鲁吉亚、亚美尼亚、阿塞拜疆。

---

❶　本报告对任何领土主权、国际边界疆域划定及任何领土、城市或地区名称不持立场。亚洲电网研究范围不包括土耳其和俄罗斯，后同。

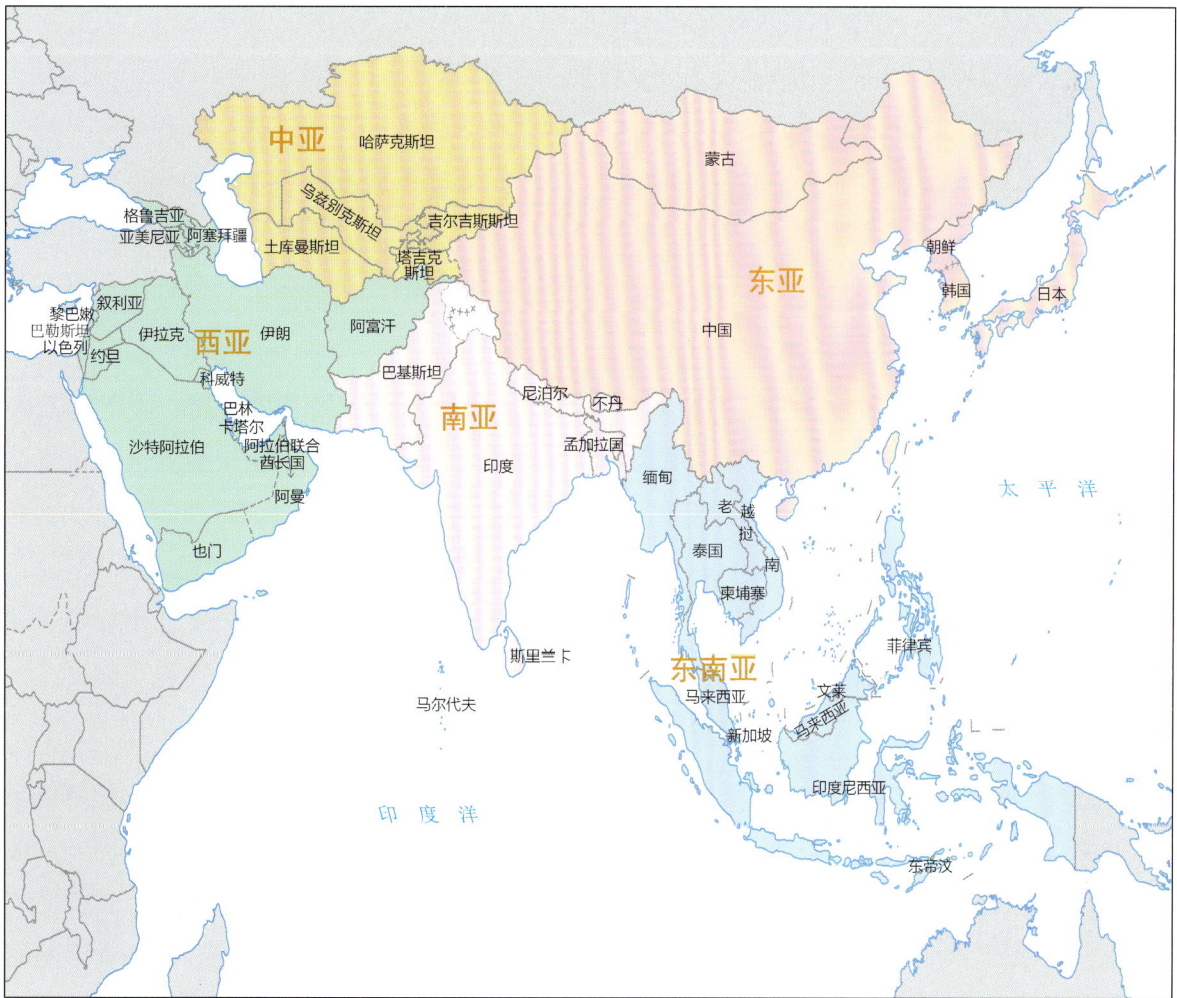

亚洲研究范围示意图

摘要

亚洲经济体量大，是世界经济发展的重要引擎，绝大多数国家为发展中国家，发展潜力巨大。亚洲自然资源十分丰富，国家之间存在较强的互补性优势，但也面临经济发展差距悬殊、能源安全保障问题、碳排放总量最大、应对气候变化压力巨大等严峻挑战。实现亚洲可持续发展，需要秉持绿色低碳发展理念，坚持发展与转型并举，统筹亚洲各国目标与诉求，以丰富的清洁能源和矿产资源为基础，推动亚洲经济全面均衡发展，促进产业绿色低碳转型升级，积极应对气候变化，深化区域一体化和全方位协同合作，实现经济繁荣、社会进步和生态保护的全面协调发展。

实现亚洲可持续发展，关键是推进水能、风能、太阳能大规模开发利用、大范围互补互济，加强能源基础设施升级改造和互联互通，构建亚洲能源互联网。 加快亚洲区域内丰富的水能、太阳能及风能资源开发，以清洁化发展保障能源持续供应，促进能源向绿色低碳转型；以技术创新和能效提升，加快提高电能在终端能源的占比，有效应对气候变化和环境污染问题；以"电—矿—冶—工—贸"联动发展模式，推动能源发展方式和经济产业发展模式转型；以能源电力互联互通，促进亚洲电力一体化建设，增强区域发展活力，实现亚洲可持续发展。

亚洲能源电力需求大幅增长，能源结构快速向清洁低碳化方向发展，电能将成为终端能源消费的主体。 随着人口和经济发展，亚洲能源电力需求大幅、持续增长。2050 年亚洲一次能源需求总量将达到 149.3 亿吨标准煤，是 2016 年的 1.6 倍，终端能源需求增长至 89.2 亿吨标准煤。2050 年亚洲用电量将增长至 36.3 万亿千瓦时，是 2016 年的 3.3 倍。2040 年前清洁能源超越化石能源成为主导能源，2050 年亚洲清洁能源需求将增长至 96.9 亿吨标准煤。2030 年左右电能将超过石油成为终端第一大能源，2050 年电能占终端能源的比重将提高至 55%。

亚洲电力供应能力不断提升，加快大型清洁能源基地发展，清洁能源发电快速取代化石能

源发电占据主导地位，促进消除能源贫困，保障电力清洁、绿色、经济、安全供应。在清洁绿色发展趋势下，亚洲电力供应实现快速转型，2050 年亚洲电源装机容量将达到 157.5 亿千瓦，是 2016 年的 5 倍，大幅提升电力供应能力，基本消除无电人口。清洁能源装机容量大幅提升，2035 年前清洁能源发电超过化石能源发电成为主导电源，2050 年亚洲清洁能源装机占比提升至 84%，发电量占比提升至 80%。清洁能源开发集中式和分布式并举，在资源优质、开发条件好的地区开发大型清洁能源基地，建设 100 余个大型清洁能源基地，总开发装机容量约 54 亿千瓦，其中主要流域水电基地装机容量约 6.4 亿千瓦，61 个太阳能基地装机容量约 34 亿千瓦，62 个风电基地装机容量约 14 亿千瓦。

亚洲清洁能源资源与负荷中心逆向分布，电力流呈现"西电东送、北电南送"格局。西亚、中亚是主要的清洁能源外送基地。亚洲人口主要分布在东部太平洋和南部印度洋沿岸地区，东亚、东南亚和南亚是亚洲重要的负荷中心。清洁能源资源富集地区与负荷中心分布不均衡，亚洲电力流整体呈现"西电东送、北电南送"格局。2035 年，亚洲与欧洲、非洲实现互联，2050 年，实现与大洋洲互联。2035 年和 2050 年，跨洲跨区电力流将分别达到 9430 万千瓦和 2 亿千瓦，其中跨洲电力流分别为 2300 万千瓦和 5100 万千瓦。

亚洲洲内五大区域电网紧密互联，形成绿色低碳、电为中心、安全经济、技术先进的清洁能源优化配置平台。充分发挥特高压技术优势，洲内将东亚、东南亚、中亚、南亚、西亚五大区域电网紧密互联，跨洲实现与欧洲、非洲、大洋洲互联，形成"四横三纵"网架格局。"四横"由亚欧北横通道、亚欧南横通道、亚非北横通道和亚非南横通道构成，"三纵"通道包括亚洲东纵通道、亚洲中纵通道和亚洲西纵通道。各区域内部加强电网建设，其中，东亚建成 1000/765/500 千伏主网架；东南亚中南半岛形成 1000 千伏交流主网架，其他地区形成 500 千伏交流主网架；中亚区域内五国形成 1000/500 千伏交流同步电网；南亚主要建设 765/400 千伏交流电网；西亚形成 1000/765/500/400 千伏交流主网架。

到 2050 年前，共建设 8 项跨洲和 21 项跨区重点互联互通工程，支撑清洁能源基地电力送出、互补互济和汇集消纳。跨洲建成至欧洲 ±800 千伏直流工程 4 个，输送容量 3200 万千瓦；至非洲 ±500~±660 千伏直流工程 3 个，输送容量 1100 万千瓦；至大洋洲 ±800 千伏直流工程 1 个，输送容量 800 万千瓦。跨区建成西亚至南亚 ±800 千伏直流工程 3 个及 ±660 千伏直流工程 1 个，输送容量 2800 万千瓦；中亚至东亚 ±800 千伏直流工程 1 个，输送容量 800 万千瓦；中亚至南亚 ±500 千伏直流工程 1 个，输送容量 130 万千瓦；东亚至南亚 ±800 千伏直流工程 3 个及 ±660 千伏直流工程 1 个，输送容量 2800 万千瓦；东亚至东南亚 ±800 千伏直流工程 1 个及 ±660 千伏直流工程 2 个，输送容量 1600 万千瓦；东南亚至南亚 ±800 千伏直流工程 1 个及 ±660 千伏直流工程 1 个，输送容量 1200 万千瓦；俄罗斯远东至东亚 ±800 千伏直流工程 5 个及 ±500 千伏直流工程 1 个，输送容量 4200 万千瓦。

构建亚洲能源互联网综合效益显著。经济效益方面，到 2050 年，亚洲能源互联网总投资约 18.7 万亿美元，拉动地区投资，有力带动新能源、电力、高端制造等产业发展，对经济增长的平均贡献率为 1.4%。**社会效益方面，**到 2050 年，基本消除无电人口；累计拉动就业 1.5 亿个；降低能源供应成本。**环境效益方面，**亚洲能源互联网建设可有效减少温室气体排放，到 2050 年，能源系统二氧化碳排放降至 62 亿吨 / 年；有效减少气候相关灾害，减少大气污染物排放，到 2050 年可减少排放二氧化硫 3000 万吨 / 年、氮氧化物 3400 万吨 / 年、细颗粒物 650 万吨 / 年，提高土地资源价值 860 亿美元 / 年。**政治效益方面，**通过亚洲能源互联网的建设，实现各国清洁能源共享、电力互联互通和跨洲跨国交易，加强政治互信；形成合作开放、互利共赢的亚洲能源治理新格局，促进和平发展；服务区域一体化建设，巩固各国伙伴关系，为亚洲各国提供包容开放的合作平台。

着眼于助力实现全球 1.5 摄氏度温控目标，亚洲需要积极应对经济社会快速发展带来的碳排放压力，实现能源电力更快速度、更大规模清洁低碳转型发展，以清洁能源发电有力支撑应

对气候变化和实现可持续发展。 与助力实现全球 2 摄氏度温控目标相比，2050 年化石能源需求较 2 摄氏度温控目标减少 41%；提升清洁能源开发比例，2050 年清洁能源电源装机容量较 2 摄氏度温控目标增加 34%；加快电能替代，2050 年电能占终端能源比重提升约 13 个百分点；加强电网互联互通，提升资源配置能力，跨洲跨区电力流将增加约 4700 万千瓦；加大投资力度，到 2050 年清洁能源开发和电网建设投资累计增加 23%。

目录

目录

图表目录

■ 图目录

■ 表目录

1 亚洲发展基本情况

亚洲是世界第一大洲，绝大部分地区位于北半球和东半球，总面积约 3089 万平方千米。亚洲是当今世界最具发展活力和潜力的地区，经济总量占世界三分之一，且绝大多数国家为发展中国家。亚洲各国自然资源丰富，各国间存在较强的互补性优势。在合作共赢理念推动下，各国以扩大产业规模、转变发展模式、丰富产业结构等方式促进经济发展，通过互联互通实现成果共享、增进政治互信，推动亚洲实现可持续发展。

1.1 经济社会

1.1.1 宏观经济

亚洲是世界经济发展的引擎。2017 年，亚洲各国国内生产总值（GDP）总和达 27.6 万亿美元，占全球经济总量的 34%，人均 GDP 达 6265 美元。亚洲经济增长对全球增长贡献率达到 61.7%，GDP 增速 3.5%，三分之二的亚洲发展中国家实现了经济快速增长。**东亚** GDP 为 18.6 万亿美元，经济维持长期稳定增长。中日韩三国基础设施相对完备，资金充裕，经济发展较为成熟；蒙古与朝鲜资源优势显著，具有较大发展空间。**东南亚** GDP 为 2.8 万亿美元，GDP 增速稳定保持在 4% 左右，明显高于世界平均水平。拥有丰富的自然资源和人力资源，具备经济快速腾飞的良好条件，是目前世界经济发展最具活力的地区之一。**南亚** GDP 为 3.3 万亿美元，经济活力旺盛，人口基数大，劳动力充足，加上产业转移带来的制造业升级需求，经济增长势头将更加迅猛。**中亚** GDP 为 0.3 万亿美元，地理位置优越，能源资源丰富，通过逐步调节经济结构，推动产业多元化发展，营造和平稳定的外部环境，积极寻求经济企稳回升，将成为亚洲重要的经济增长板块之一。**西亚** GDP 为 2.6 万亿美元，是世界最大的能源出口地区，通过经济结构调整，加强对外经贸合作，地区经济具有较强的增长潜力。2013—2017 年亚洲发展中国家和主要工业经济体 GDP 增长率如图 1-1 所示，亚洲经济社会概况详见附表 2-1。

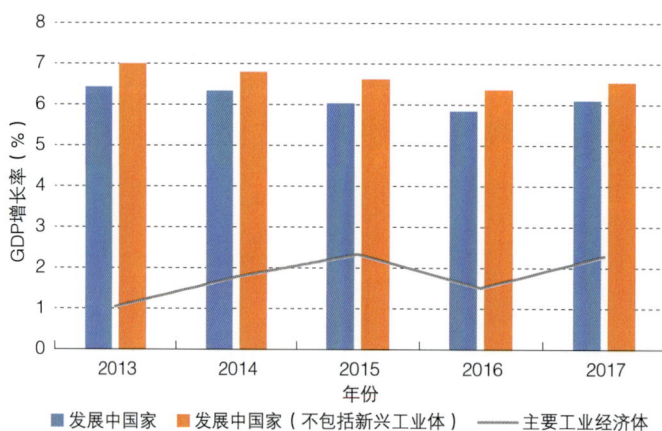

图 1-1　2013—2017 年亚洲发展中国家和主要工业经济体 GDP 增长率 ❶

---

❶　数据来源：亚洲开发银行，亚洲发展展望 2018，2018。主要工业经济体是指欧元区，日本和美国。新兴工业化经济体是指中国香港、韩国、新加坡和中国台湾。

发展中国家市场需求快速增长。发展中国家经济的快速发展和市场消费能力的持续提升，将进一步推动亚洲市场规模稳步扩大。**从亚洲整体经济来看**。1990—2017 年，亚洲经济增长约 4.8 倍。2017 年亚洲贸易额增长 7.1%，为 2011 年以来的最高水平。❶ **从各区域经济来看。**东亚中国和南亚印度经济增速虽有所放缓，但依然保持 6.8% 和 7.2% 的增速，最终消费支出达到 6.4 万亿美元和 1.9 万亿美元；中亚土库曼斯坦和塔吉克斯坦经济持续保持高速增长，分别达到 6.5% 和 7.6%，最终消费支出提升至 73.9 亿美元和 71.7 亿美元；西亚沙特阿拉伯和阿联酋虽然经济增速放缓到 -0.7% 和 0.8%，但最终消费支出整体仍呈上涨趋势，分别达到 4518 亿美元和 1806 亿美元。

1.1.2 人文社会

亚洲是世界人口第一大洲。2017 年亚洲人口达到 44 亿，约占世界总人口的 59%。主要人口大国是中国和印度，人口分别为 14.2 亿和 13.4 亿，两国人口占亚洲总人口的 62.7%。

从人口增速来看，2017 年亚洲人口增速最快的国家主要集中在西亚，伊拉克、阿富汗和也门人口增速分别达到 2.5%、2.5% 和 2.4%。其他各区域中人口增速最快的国家分别是中亚的塔吉克斯坦，人口增速达到 2.4%；南亚的巴基斯坦，人口增速达到 2%；东南亚的柬埔寨，人口增速达到 1.5%；东亚的蒙古，人口增速达到 1.8%。❷ 根据联合国预测，亚洲将是继非洲之后全球人口增长的第二大贡献者，到 2050 年人口总数将达到约 52 亿，稳居世界人口第一大洲。1950—2050 年各大洲人口增长趋势如图 1-2 所示。

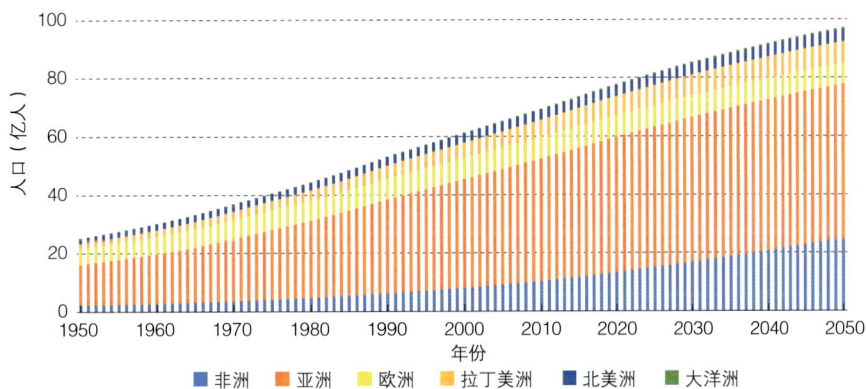

图 1-2 1950—2050 年各大洲人口增长趋势 ❸

从人口结构来看，中日韩等东亚国家适龄劳动人口将有所下降，但东南亚、南亚、西亚等区域适龄劳动人口将继续保持快速增长态势。1950—2050 年亚洲人口年龄结构如图 1-3 所示。

---

❶ 数据来源：亚洲开发银行，亚洲经济一体化报告 2018，2018。
❷ 数据来源：世界银行，世界发展指标，2019。
❸ 数据来源：联合国，世界人口展望，2019。

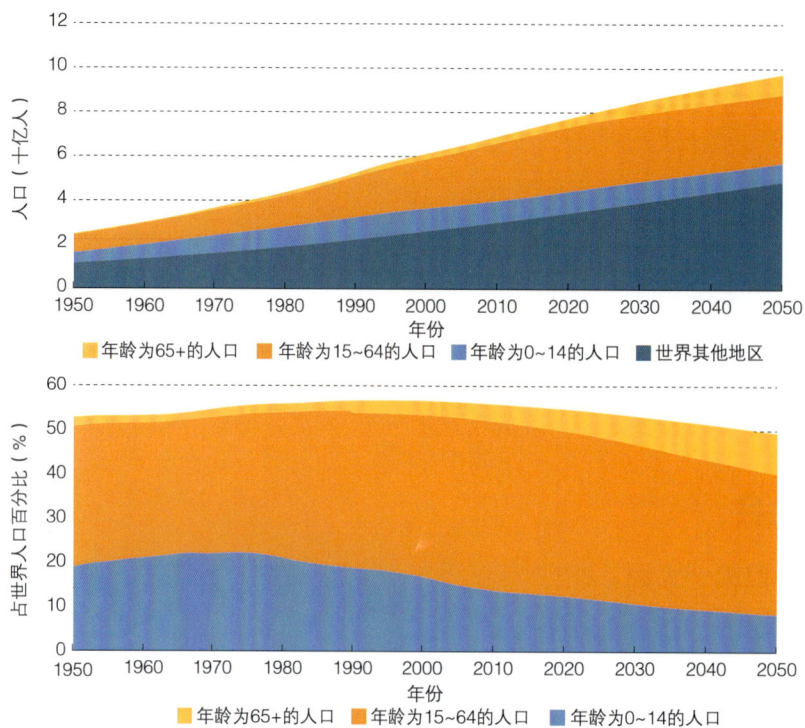

图 1-3　1950—2050 年亚洲人口年龄结构 ❶

　　东南亚劳动力市场优势突出，中日韩人才红利逐渐显现。东南亚、南亚和中亚劳动力成本较低，对于开展劳动密集型工业具有明显优势。亚洲主要经济体劳动力成本对比如图 1-4 所示。中日韩和新加坡等国虽劳动力成本优势逐渐减弱，但拥有大批量具有较好知识体系和技术素养的人才，在促进管理创新、技术创新，提高劳动生产率等方面具有较强优势，高素质人才所带来的人才红利已逐步开始显现。充分发挥亚洲的人口红利，最大程度优化配置劳动力成本优势和人才优势，将为实现亚洲整体经济高质量发展提供重要基础。

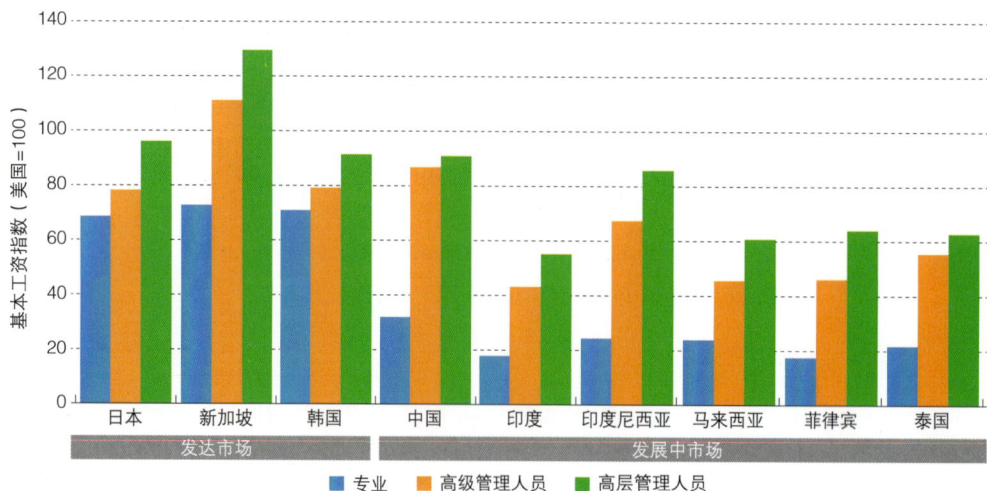

图 1-4　亚洲主要经济体劳动力成本对比 ❷

❶　数据来源：亚洲开发银行，如何填补亚洲劳动年龄人口的差距，2016。
❷　数据来源：韦莱韬悦，2015/16 全球 50 薪酬规划报告，2014。

1.1.3 区域合作

亚洲产业结构互补性强。亚洲各区域间和各区域内都存在一定的发展梯度,产业结构互补性优势显著。日本、哈萨克斯坦、越南、印度出口产品种类比例如图 1-5 所示。**东亚**市场成熟度较高,产业部门较为完善。如日本、韩国以高端制造业出口为主,进口矿物燃料和化工产品,工业、服务业较为先进。**南亚、东南亚**以发展中国家为主,一直以来主要出口农产品,进口制成品、工业设备等。伴随着产业链的转移,如印度、泰国、印度尼西亚等国在劳动密集型制造业和服务业方面的发展较为迅速。**中亚、西亚**各国石油资源优势显著,其经济主要依赖矿业及油气资源出口贸易,产业结构单一;主要出口矿产品,需要大量进口工业制成品。

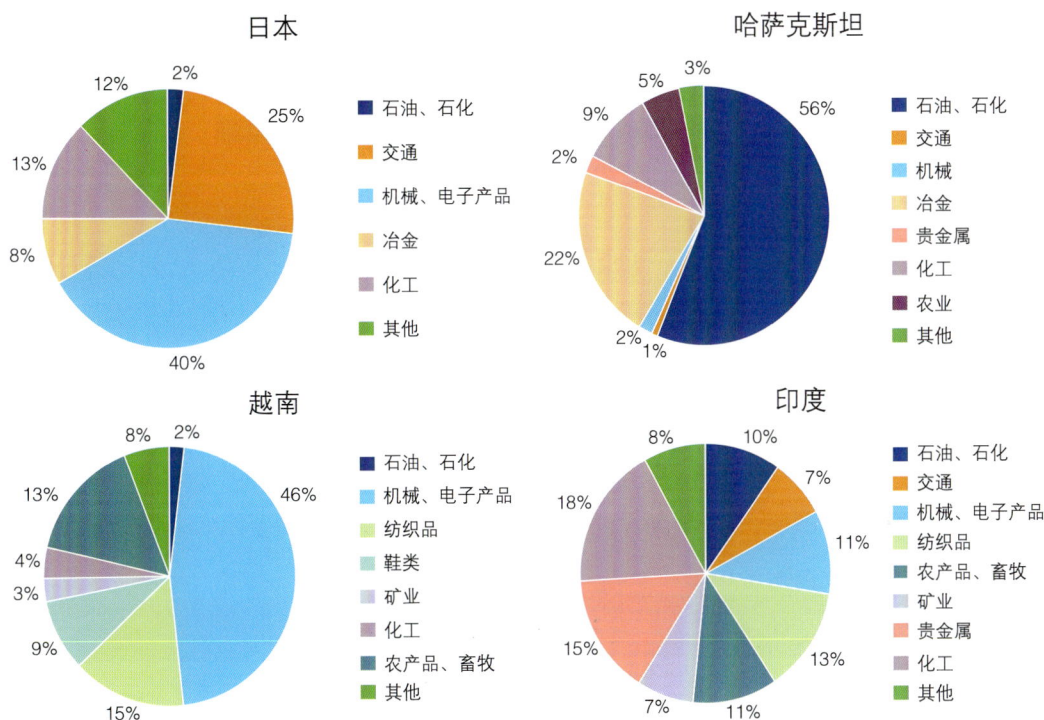

图 1-5 日本、哈萨克斯坦、越南、印度出口产品种类比例

亚洲内部经济贸易相互依存度高。2017 年,亚洲区域内贸易份额增至 57.8%,创历史新高。东盟国家超过 60% 的贸易、中日韩三国约 50% 的贸易和印度约 40% 的贸易都在亚洲域内进行。❶随着新兴经济体和发展中国家经济快速增长,2017 年亚洲经济对内依存度上升了 3.5 个百分点,提升至 54.2%,亚洲域内市场相互依存度和经济融合度依然保持在较高水平。❷亚洲部分区域内贸易份额对比如图 1-6 所示。

---

❶ 数据来源:亚洲开发银行,亚洲经济一体化报告 2018,2018。
❷ 数据来源:博鳌论坛,亚洲经济一体化进行 2019 年度报告,2019。

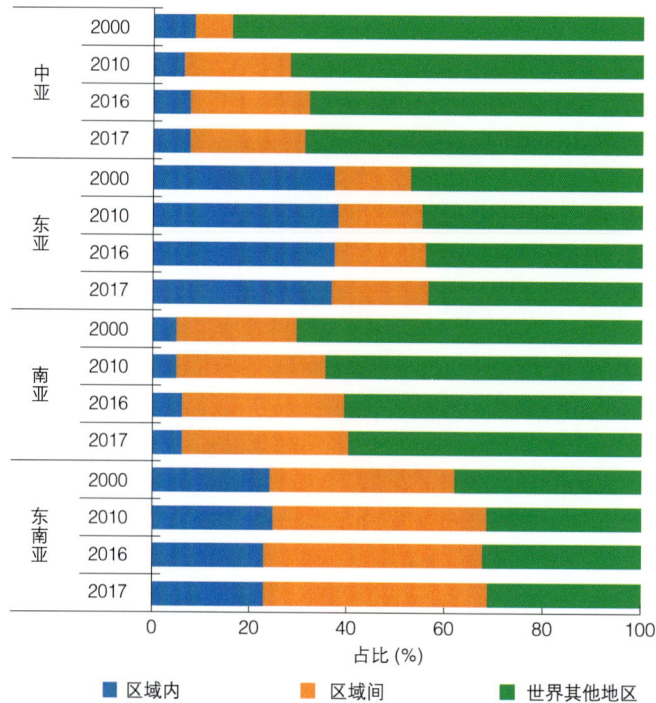

图 1-6　亚洲部分区域内贸易份额对比 ❶

1.1.4　发展战略

亚洲各国已制定切实可行的发展战略。 为实现经济快速发展和进一步腾飞，亚洲各国根据自身发展需求，制定了符合各自发展阶段和转型方向的经济发展规划。通过发挥各国经济特点和优势，培育可持续发展的内生动力，创造新的经济增长点。亚洲部分国家经济发展战略见表 1-1。

表 1-1　亚洲部分国家经济发展战略

区域	国家	政策名称	主要目标
东亚	中国	国民经济和社会发展第十三个五年计划（2016—2020）	到 2020 年国内生产总值和城乡居民人均收入比 2010 年翻一番
	日本	安倍经济学新三支箭	到 2020 年将名义 GDP 目标从 500 万亿日元提升到 600 万亿日元，实现 2% 的物价稳定目标
	韩国	国政运营五年规划（2017—2022）	到 2022 年义务雇用青年比例由 3% 提高到 5%，创造 81 万个公共机构岗位
中亚	乌兹别克斯坦	中长期经济发展规划	到 2021 年实现优化经济结构，加大工业经济占比，由传统的农业国向工农并重方向转变
	哈萨克斯坦	2050 年前哈萨克斯坦共和国发展战略	优先发展创新工业、资源开采、农工综合体创新转变，知识密集型经济和基础设施建设
	塔吉克斯坦	2030 年前国家发展战略	到 2030 年成为中等收入国家，保持 7% ~ 8% 的经济增速，GDP 提高 3 倍以上，人均 GDP 提高 2.5 倍以上，贫困人口减少 50% 以上

❶　数据来源：亚洲开发银行，亚洲经济一体化报告 2018，2018。

续表

区域	国家	政策名称	主要目标
西亚	沙特阿拉伯	2030 年愿景	到 2030 年失业率降至 7%，中小型企业经济贡献率提升至 35%，妇女占劳动人口比例提升至 30%
	伊朗	第六个五年计划（2016—2021）	到 2021 年经济增速目标为 8%，石油产量提升至 470 万桶 / 天，计划吸引 300 亿～ 500 亿美元外国投资
	卡塔尔	2030 国家愿景	到 2030 年将卡塔尔打造成为一个可持续发展、具有较强国际竞争力、国民生活水平高的国家
东南亚	菲律宾	菲律宾发展规划（2017—2022）	到 2022 年计划实现经济增长 7%～ 8%，全国人均收入达 5000 美元，贫困率由当前的 21.6% 降至 14%
	泰国	第十二个国家经济与社会发展规划（2017—2021）	到 2021 年摆脱中等收入国家陷阱，缩小贫富差距，实现经济稳定增长
	印度尼西亚	五年经济发展计划（2015—2019）	年均经济增速 6.7%～ 8.3%，加大基础设施建设。预计在下一个五年计划（2020—2024）中，投入 4120 亿美元发展经济
南亚	印度	愿景 2030	到 2030 年以 8% 的年均增长率，成为一个 7.2 万亿美元的经济体
	孟加拉国	金色孟加拉梦想	到 2021 年建成中等收入国家，2041 年成为发达国家
	巴基斯坦	2030 愿景	到 2030 年经济总量达到 7000 亿美元，人均 GDP 达到 3000 美元

中日韩和新兴工业经济体向高端制造业转型。随着中日韩及其他新兴工业经济体的劳动力成本升高、规模经济优势降低。为了寻求新的经济增长，发展模式的转型成为关键。中日韩及新兴工业经济体通过发挥完善的产业链和技术优势，正在向智能化、高端化产业转型升级，加快新旧动能接续转换，抓住人工智能、新能源技术等新机遇，实现新一轮的国家发展。

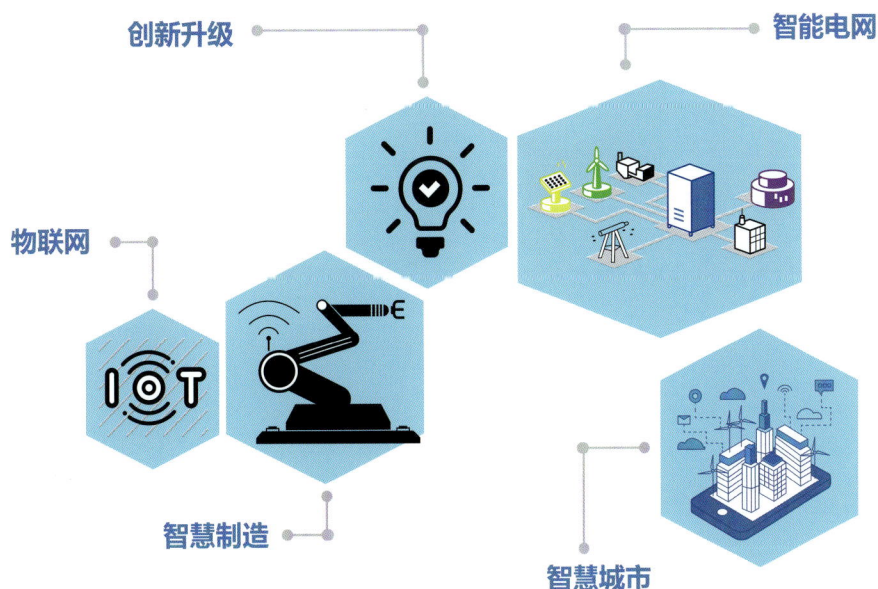

中亚、西亚从资源依赖型产业向多元化产业发展。中亚、西亚一直以来以传统化石能源及矿产原材料出口为主要经济来源。这使得该区域经济难以实现快速及可持续发展，极易受到国际市场波动影响。为此，各国政府大力调整经济发展战略，促进产业结构升级，推动产业多元化发展。中亚、西亚国家正在通过投资农业、工业和服务业推动产业结构多元化发展。如从单一化石能源向清洁能源领域的开发与投资转型，从单一矿产资源开发向汽车、电子、服装等非资源领域的投资建设转型。通过强化资源就地生产加工，提升产品附加价值来创造新的经济增长点。

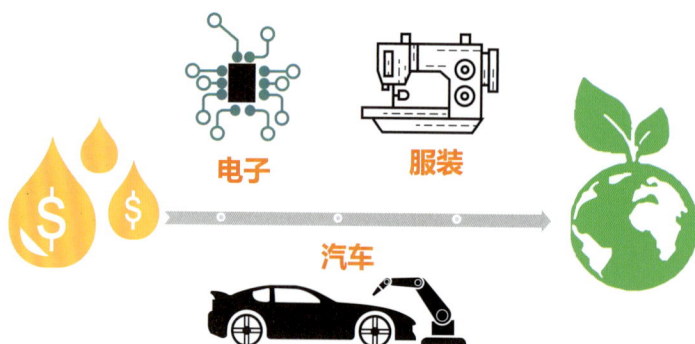

东南亚、南亚开启制造业快速发展阶段。东南亚、南亚以日渐增长的生产能力和相对低廉的生产成本优势，吸引如纺织加工业、电子工业等制造业的产能转移，推动当地基础设施建设和产业规模快速发展。东南亚已开始大力投资交通、电力、通信等基础设施，推出放宽海关限制等相关优惠政策吸引外资，积极发展劳动密集型产业，承接国际外包业务等，带动经济快速发展。南亚正在交通、电力等基础设施方面加大建设力度，积极改善复杂的营商环境。全球制造业转移路径如图1-7所示。

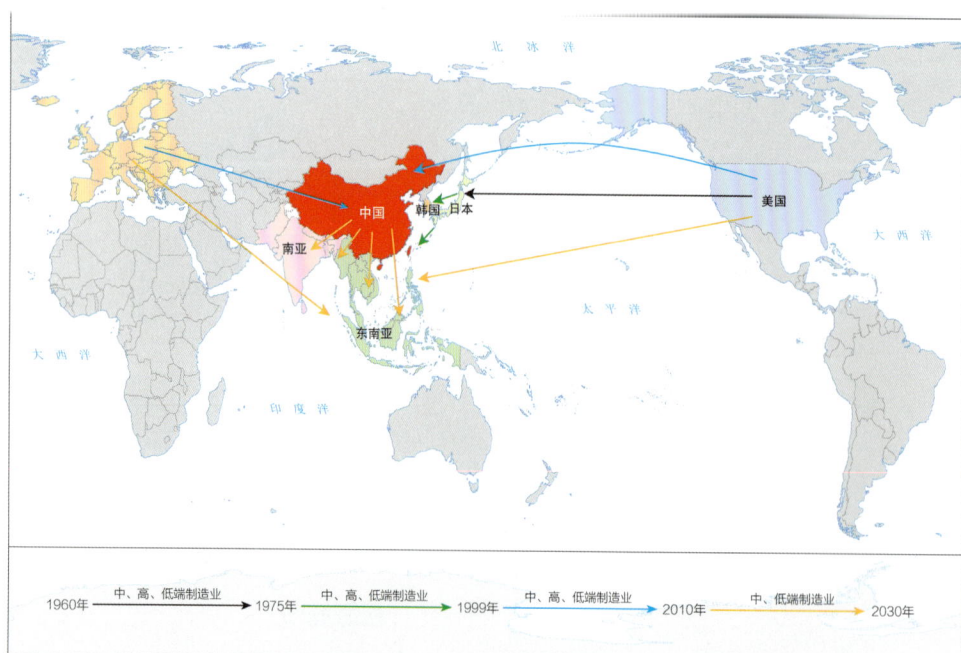

图1-7 全球制造业转移路径

1.2　资源环境

1.2.1　自然资源

矿产资源丰富、种类繁多。亚洲的矿物种类多、储量大，镁、铁、锡等储量均居世界首位，其中锡矿储量占比达到世界总储量的 60% 以上。从矿产分布来看，东南亚拥有世界最大的锡矿带，马来西亚锡矿砂产量居世界第一位，同时铜、镍、钛、钾等也十分丰富；中亚的铁、锰、铜、钾等矿藏丰富，其中哈萨克斯坦铬铁矿探明储量仅次于南非、津巴布韦，居世界第三；西亚的铁矿储量大、品位高，此外铜、铬、铅、锌等储量也非常丰富。

化石能源资源总量丰富、分布不均衡。亚洲煤炭资源丰富，探明储量约 3196 亿吨，占全球的 30%，主要分布在中国、印度、印度尼西亚和哈萨克斯坦，其煤炭储量占亚洲的 95%。❶ 亚洲石油资源丰富，探明储量约 1242 亿吨，占全球的 46%，主要分布在伊朗、伊拉克、科威特、沙特阿拉伯和阿联酋等西亚国家，其石油储量占亚洲的 91%；西亚的石油品质好、易开采、成本低、竞争力强。亚洲天然气资源丰富，探明储量约 116 万亿立方米，占全球的 58%，主要分布在卡塔尔、伊朗和土库曼斯坦，其天然气储量占亚洲的 66%。2018 年亚洲探明常规化石能源资源见表 1-2。

表 1-2　2018 年亚洲探明常规化石能源资源

区域	煤炭		石油		天然气	
	总量（亿吨）	占全球比重（%）	总量（亿吨）	占全球比重（%）	总量（万亿立方米）	占全球比重（%）
西亚	12	0.1	1132	41.8	76	38.3
中亚	285	2.7	51	1.9	24	12.1
东亚、南亚和东南亚	2899	27.5	59	2.2	16	8.0
亚洲	3196	30.3	1242	45.9	116	58.4

1.2.2　生态环境

亚洲季风气候显著，水系众多但分布不均。亚洲跨寒、温、热三带，气候类型多样，季风气候显著，大陆性气候分布最广。东亚东部和南部分别属于温带和亚热带季风区，东南亚北部和南亚属热带季风区，东亚内陆及中亚、西亚大多属温带大陆性气候。亚洲河流众多，大多发源于中部的高原山地，顺地势呈放射状向四面奔流注入太平洋、印度洋和北冰洋，其中长 4000 千米以上的河流有 7 条，最长的河流是长江。位于亚洲西部的里海是世界上第一大湖，也是世界最大的咸水湖。亚洲河流和湖泊众多，但受水资源分布不均、人口增长、工业化与城市化影响，亚洲各国普遍存在水资源短缺和水质下降问题。亚洲森林总面积约占世界森林总面积的 13%。1990 年以来，亚洲森林总面积因植树造林活动持续增加，但各区域趋势有所不同，东亚、南亚有所增加，东南亚有所减少。生物质燃烧和不当土地利用活动是东南亚森林面积减

---

❶　数据来源：英国石油公司，世界能源统计年鉴，2019。

少的主要原因，同时也引发了跨境烟霾问题。受人口和经济增长及交通运输、能源、农业需求影响，颗粒物污染是亚洲城市地区面临的主要大气污染问题。

亚洲碳排放总量居各洲首位，易受气候变化影响。2016年，亚洲化石能源燃烧产生的二氧化碳年排放量约为171亿吨，占全球总量的53%。其中，中国、印度、日本化石能源燃烧产生的二氧化碳排放总量约占亚洲总量的73.5%。1990—2016年亚洲分品种化石能源燃烧产生的二氧化碳如图1-8所示。**亚洲化石能源燃烧产生的二氧化碳大部分来源于煤，主要排放来自发电与制热部门**。2016年，煤、石油、天然气燃烧产生的二氧化碳排放占比分别为62%、24%和14%，发电与制热部门化石能源燃烧排放的二氧化碳约占总量的48.3%。**亚洲易受气候变化影响**，其中东南亚、南亚及东亚遭受极端天气相关灾害影响较为严重。[❶] 1970—2015年期间，东亚因灾害死亡的人数占总人口的比例为0.04%，总损失为9230亿美元；东南亚、南亚因灾害死亡的人数占比分别为0.09%和0.08%，总损失分别为1188亿美元和1530亿美元。

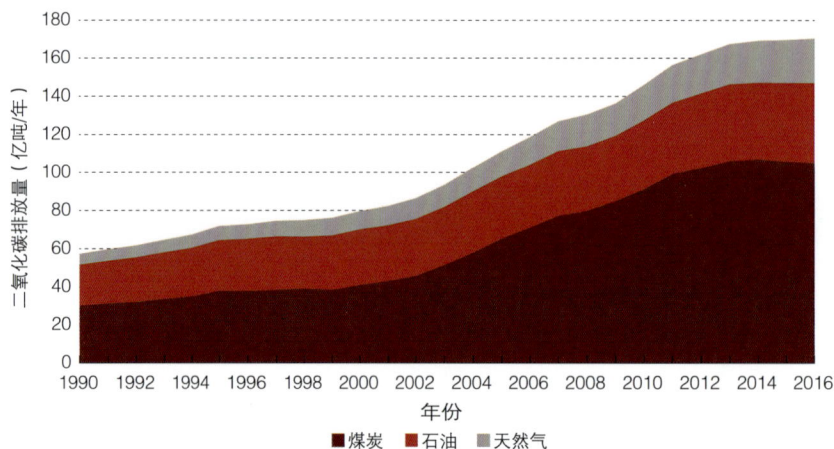

图1-8　1990—2016年亚洲分品种化石能源燃烧产生的二氧化碳 [❷]

亚洲主要国家积极应对气候挑战。亚洲温室气体排放占比较高的国家均签署了《巴黎协定》，制定了应对气候变化国家自主贡献目标和中长期减排战略。**中国**承诺2030年前实现二氧化碳排放达峰，并将非化石能源在一次能源消费中的占比提高到20%，实现碳排放强度相对2005年降低60% ~ 65%。[❸] **印度**承诺2030年前实现碳排放强度相对2005年降低33% ~ 35%，在技术转让和低成本国际融资的帮助下，非化石能源装机占比提高到40%。[❹] **日本**承诺2030年温室气体排放相较2013年减少26%；[❺]2050年温室气体排放量相较当前水平降低80%，即到2050年实现年排放目标约2.5亿 ~ 2.8亿吨二氧化碳当量。[❻]

[❶] 数据来源：联合国环境署，全球环境展望6：亚太区域报告，2016。
[❷] 数据来源：国际能源署，化石能源燃烧CO_2排放，2018。
[❸] 数据来源：中国政府，中国国家自主贡献，2016。
[❹] 数据来源：印度政府，印度国家自主贡献，2016。
[❺] 数据来源：日本政府，日本国家自主贡献，2016。
[❻] 数据来源：日本环境省，全球变暖对策计划，2016。

1.3 能源电力

1.3.1 能源发展

能源生产以煤油气为主，总量快速增长。2000—2016 年，亚洲能源生产量从 53 亿吨标准煤增长到 90 亿吨标准煤，年均增长 3.4%，增速居全球首位。亚洲人均能源生产量 2 吨标准煤，相当于全球平均水平的 77%。❶ 受中国控煤政策影响，亚洲煤炭生产量先增后降，从 2000 年的 19.5 亿吨增长到 2013 年的峰值 53.2 亿吨，之后缓慢下降至 2016 年的 48.4 亿吨，占亚洲能源生产量的比重下降到 39%。全球石油和天然气需求旺盛，推动西亚和中亚油气生产迅猛增长。2016 年亚洲石油和天然气产量分别增至 20 亿吨和 1.3 万亿立方米，年均增长 1.7% 和 5.3%，占亚洲能源生产量的比重增长到 24% 和 18%。2000—2016 年亚洲各区域能源生产量如图 1-9 所示。

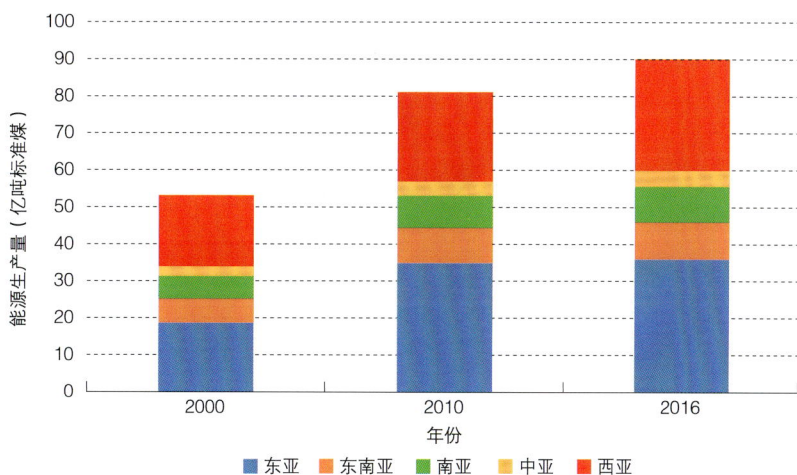

图 1-9　2000—2016 年亚洲各区域能源生产量

一次能源消费持续增长，化石能源占比超过 80%，清洁能源比重有所下降。2010—2016 年，亚洲一次能源消费总量从 49.6 亿吨标准煤大幅增长至 95 亿吨标准煤，年均增长 4.1%。2016 年，亚洲化石能源消费占一次能源的比重从 77% 上升至 83%，其中煤炭、石油和天然气在一次能源消费中的占比分别为 41%、26% 和 16%；清洁能源的比重从 23% 下降至 17%，低于全球平均水平 2 个百分点。亚洲人均能源消费量 2.2 吨标准煤，相当于全球平均水平的 78%。东亚和南亚能源消费量较大，占亚洲的比重分别为 60% 和 15%。2000—2016 年亚洲各区域一次能源消费量如图 1-10 所示，2016 年亚洲一次能源消费结构如图 1-11 所示。

❶　数据来源：国际能源署，世界能源平衡，2017。

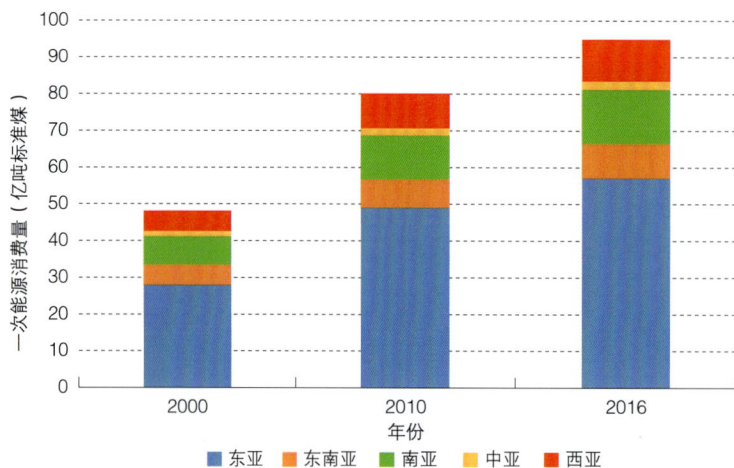

图 1-10　2000—2016 年亚洲各区域一次能源消费量

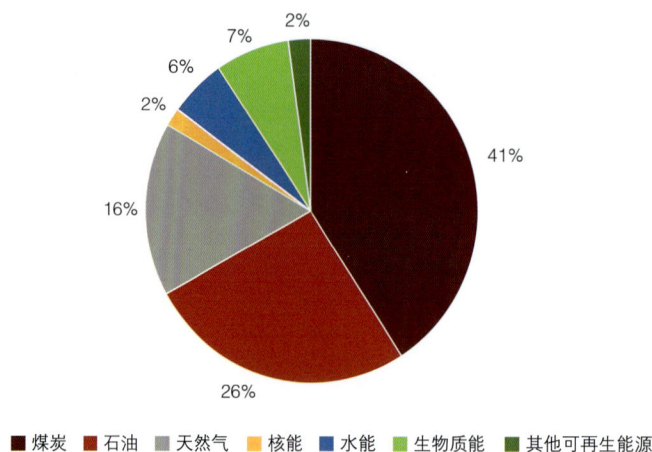

图 1-11　2016 年亚洲一次能源消费结构

　　终端能源消费以化石能源为主，电能比重上升，传统生物质能下降。2000—2016 年，亚洲终端能源消费总量从 33.1 亿吨标准煤增长至 62.3 亿吨标准煤，❶ 年均增长 4%，占全球的比重增至 46%。2016 年，工业、交通和建筑部门的能源消费量分别为 24.1 亿、11.6 亿吨标准煤和 19.2 亿吨标准煤，占比分别为 39%、19% 和 31%。终端煤炭、石油和天然气消费占比分别为 21%、34% 和 11%。2000—2016 年，终端生物质能，尤其是传统生物质能消费下降，占终端能源的比重从 21% 下降到 10%；电能消费大幅增长，比重从 14% 提高到 22%，与全球平均水平相当。2000—2016 年亚洲各区域终端能源消费量如图 1-12 所示，2016 年亚洲终端能源消费结构如图 1-13 所示。

---

❶ 采用发电煤耗法，下同。

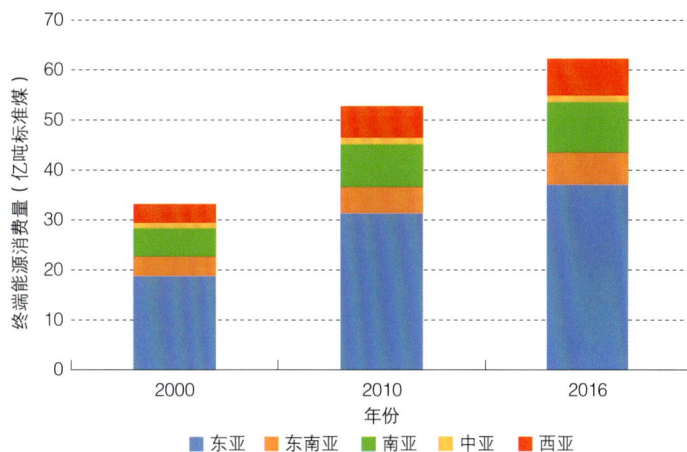

图 1-12　2000—2016 年亚洲各区域终端能源消费量

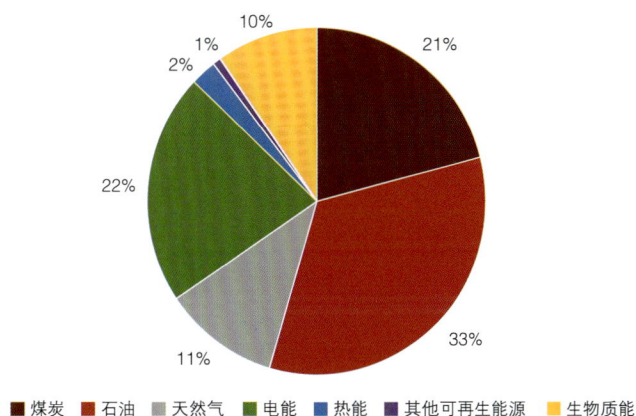

图 1-13　2016 年亚洲终端能源消费结构

1.3.2　电力发展

亚洲电力消费占全球比重最大，总量快速增长。2016 年亚洲总用电量约 11 万亿千瓦时，约占全球总用电量的 49%。2010—2016 年，亚洲用电量年均增速 4.7%。电力消费主要分布在东亚和南亚，2016 年东亚和南亚用电量分别占亚洲总用电量的 69.5% 和 11.9%。亚洲整体电力普及率约 95%，仍有约 2.4 亿无电人口，主要分布在南亚和东南亚。2016 年，亚洲年人均用电量 2500 千瓦时，不到世界平均水平的一半，年人均用电量最高的国家是巴林，达到 1.8 万千瓦时，中国和印度年人均用电量分别为 4323 千瓦时和 858 千瓦时。亚洲各区域的电力发展现状见表 1-3。

表1-3　2016年亚洲各区域电力发展现状

区域	装机容量（万千瓦）	用电量（亿千瓦时）	年人均用电量（千瓦时）	最大负荷（万千瓦）	电力普及率（％）
东亚	213813	76175	4639	128669	99
东南亚	23019	8376	1305	14175	95
南亚	41341	13027	752	20847	90
中亚	4666	2076	2975	4115	100
西亚	30802	9895	3330	22983	97
亚洲	313641	109549	2500	190789	95

　　清洁能源装机容量约占总装机容量的三分之一。 2016年，亚洲总装机容量31.4亿千瓦。清洁能源装机容量10.4亿千瓦；其中太阳能发电装机容量1.4亿千瓦，风电装机容量1.9亿千瓦，占比分别为4％和6％；水电装机容量5.4亿千瓦（含抽水蓄能），占比17％。火电装机容量21亿千瓦，占比67％。2016年亚洲电源装机结构如图1-14所示。亚洲人均装机容量为0.7千瓦，略低于0.8千瓦的世界平均水平。中国、印度和日本三国装机容量最大，2016年电源装机容量分别为17.1亿、3.7亿千瓦和3亿千瓦，占亚洲装机总量的比重分别为55％、12％和10％。2016年，亚洲清洁能源发电量2.7万亿千瓦时，占比23％；其中太阳能和风能发电量分别为0.1万亿千瓦时和0.3万亿千瓦时，占比分别为1％和3％；水电发电量1.7万亿千瓦时，占比14％。火电发电量8.9万亿千瓦时，占比77％。2016年亚洲发电量结构如图1-15所示。

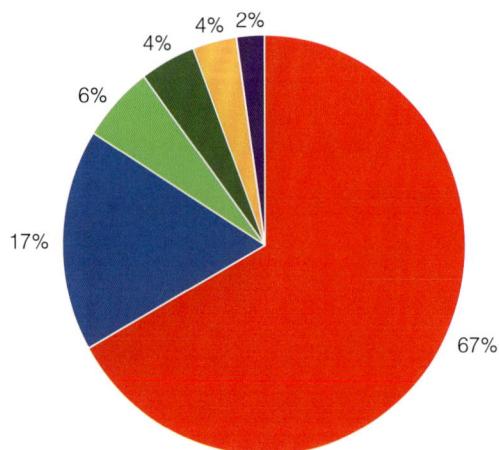

图1-14　2016年亚洲电源装机结构

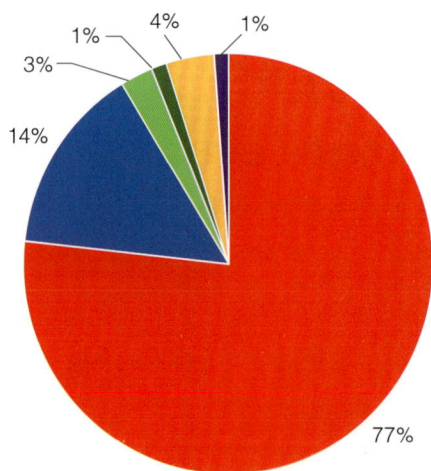

图1-15　2016年亚洲发电量结构

各国电网发展水平差异较大，跨国电网互联具有一定基础。中国已建成世界上规模最大、配置能力最强的特高压交直流混合电网。日本、印度、泰国、马来西亚、哈萨克斯坦等国已形成 400/500/765 千伏交流主网架。东亚、东南亚、南亚、中亚、西亚各区域国家间均建成多条跨国输电通道。

清洁发展成为各国能源电力发展的主要目标。亚洲部分国家清洁能源发展目标如图 1-16 所示。**东亚，**中国提出到 2030 年非化石能源占一次能源比重达到 20% 的能源发展战略目标。[1] 到 2020 年，非化石能源发电装机容量占比达到 39%，发电量占比提高到 31%。[2] 日本到 2030 年可再生能源发电目标为 22% ~ 24%，届时将实现零排放电力占 44% 的目标，并希望 2050 年实现从"低碳化"迈向"脱碳化"的能源转型新目标，让清洁能源成为主流。[3] **东南亚，**东盟是最重要的区域协调机构，其目标为到 2025 年可再生能源占一次能源比重达到 23%。[4] 其中印度尼西亚计划到 2025 年和 2050 年可再生能源分别占一次能源供应的 23% 和 31%。缅甸计划到 2030 年非水可再生能源发电装机容量占比达到 9%。越南大力推广可再生能源发电，计划到 2030 年将太阳能、风能发电装机容量分别增加到 1200 万、600 万千瓦，非水可再生能源发电量占比达到 10%。[5] 泰国计划 2036 年可再生能源发电量占比达到 15% ~ 20%。[6] **南亚，**印度致力于在 2030 年前降低化石能源比重，将清洁能源的发电占比提高至 40%。到 2022 年实现清洁能源发电装机容量 1.75 亿千瓦的目标，其中太阳能发电和风能发电装机容量分别达到 1 亿千瓦和 0.6 亿千瓦。[7] **中亚，**哈萨克斯坦颁布的"绿色经济"转型法令，预计到 2020、2030 年和 2050 年可再生能源和替代能源占比将分别达到 3%、30% 和 50%。[8] 吉尔吉斯斯坦和塔吉克斯坦等国继续保持高清洁能源发展模式。**西亚，**沙特阿拉伯明确到 2020 年和 2030 年可再生能源发电装机容量分别达到 350 万千瓦和 950 万千瓦。[9] 阿联酋规划到 2025、2030 年和 2050 年清洁能源发电量分别达到 7%、10% 和 50%，其中迪拜计划到 2050 年 75% 的发电来自于清洁能源。[10] 阿曼大力开发清洁能源，预计到 2025 年实现清洁能源发电占比 10% 的目标。[11]

---

[1]　数据来源：中国国家发改委，可再生能源发展"十三五"规划，2016。
[2]　数据来源：中国国家发改委，电力发展"十三五"规划，2017。
[3]　数据来源：日本经济产业省，第 5 次能源基本计划，2018。
[4]　数据来源：东盟能源中心，东盟上网电价机制报告，2018。
[5]　数据来源：越南政府，2015—2030 年阶段可再生能源发展战略，2015。
[6]　数据来源：泰国能源部，泰国电力发展规划报告 2015—2036，2015。
[7]　数据来源：萨潘·塔帕等，可再生能源政策工具的经济和环境效益：印度的最佳实践，2016。
[8]　数据来源：哈萨克斯坦政府，哈萨克斯坦 2050 战略，2017。
[9]　数据来源：沙特政府，沙特阿拉伯 2030 愿景，2016。
[10]　数据来源：迪拜政府，2050 年迪拜清洁能源战略，2015。
[11]　数据来源：阿曼政府，阿曼国家能源规划 2040，2017。

图 1-16　亚洲部分国家清洁能源发展目标

2

可持续发展
挑战与思路

亚洲经济的快速腾飞,使得亚洲各国受益良多,但实现可持续发展仍面临着经济发展不平衡、能源供给安全保障不足、气候环境形势紧迫等重大问题,需要通过加快新旧动能转换、促进产业转型升级、推动技术创新、发挥人力和自然资源禀赋优势,以构建亚洲能源互联网促进可持续发展。

2.1　发展挑战

经济发展差距悬殊。**亚洲各国工业化发展阶段跨度大**。目前亚洲 46 个国家中仅有日本、韩国和以色列 3 国已进入后工业化时代,其余大部分亚洲国家均处于工业化初期或中期阶段。工业发展阶段的差异,一方面给产业链转移提供了空间,同时也进一步拉大了不同工业化阶段国家之间的差距。**亚洲各国经济发展水平差距大**。亚洲 46 个国家中仅有 11 个国家的人均 GDP 超过了世界平均水平,大多数国家还处于较低水平,如图 2-1 所示。同时,亚洲各区域间和区域内贫富差距也十分突出,2017 年东亚和南亚人均 GDP 相差近 6 倍。❶**亚洲贫困问题依然严峻**。目前全球超过 40% 的贫困人口生活在南亚和东南亚。南亚的年人均用电量不足全球平均水平的 1/4,仍有 1.8 亿无电人口,电力缺口较大。东南亚年人均用电量是全球平均水平的 60%,仍有 3000 万无电人口。

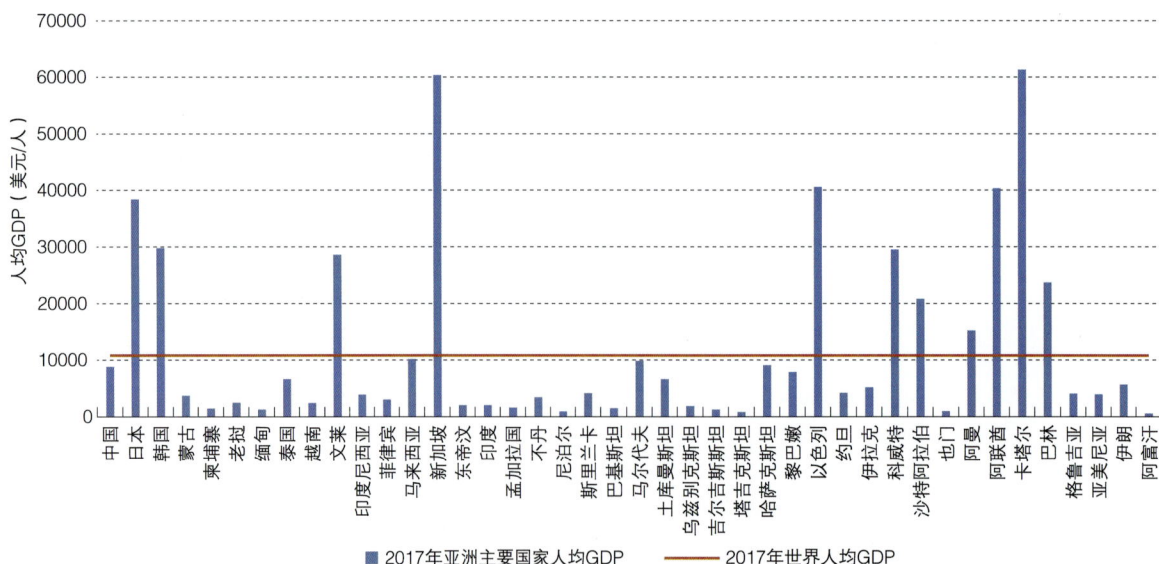

图 2-1　2017 年亚洲主要国家人均 GDP 与世界平均水平对比 ❷

能源安全保障压力较大。南亚、东亚和东南亚油气资源较少。三个区域探明石油和天然气储量分别为 59 亿吨和 16 万亿立方米,占全球的比重分别为 2% 和 8%;在能源消费中石油和

---

❶　数据来源:世界银行,世界发展指标。
❷　数据来源:世界银行,世界发展指标。

天然气消费总量大、占比高，2016 年分别为 16 亿吨和 7796 亿立方米，占全球的比重分别为 35% 和 20%。2018 年，中国、日本、韩国和印度的油气大量依赖进口，对外依存度持续攀升，日本和韩国油气对外依存度接近 100%，中国和印度石油对外依存度分别为 71% 和 87%，天然气对外依存度分别为 87% 和 53%。预计亚洲经济发展、人口增长将拉动油气消费继续增长，能源安全压力进一步加大。

应对气候变化面临巨大挑战。近年来，亚洲二氧化碳排放持续增长。1990—2016 年，亚洲化石燃料燃烧产生的二氧化碳排放量由 51 亿吨 / 年增至 171 亿吨 / 年，年均增速 4.3%。同时，亚洲受气候灾害影响最大，如图 2-2 所示。1998—2017 年，亚洲受气候灾害影响人数约 37 亿，占全球一半以上。当前多数亚洲国家仍处于工业化初期或中期，未来随经济社会发展、人口增长和工业化进程的推进，能源消费需求将进一步增加，若延续现阶段以化石能源为主的能源供应结构，温室气体排放将继续增加，气候变化风险将更高，减缓气候变化的形势将更为严峻。

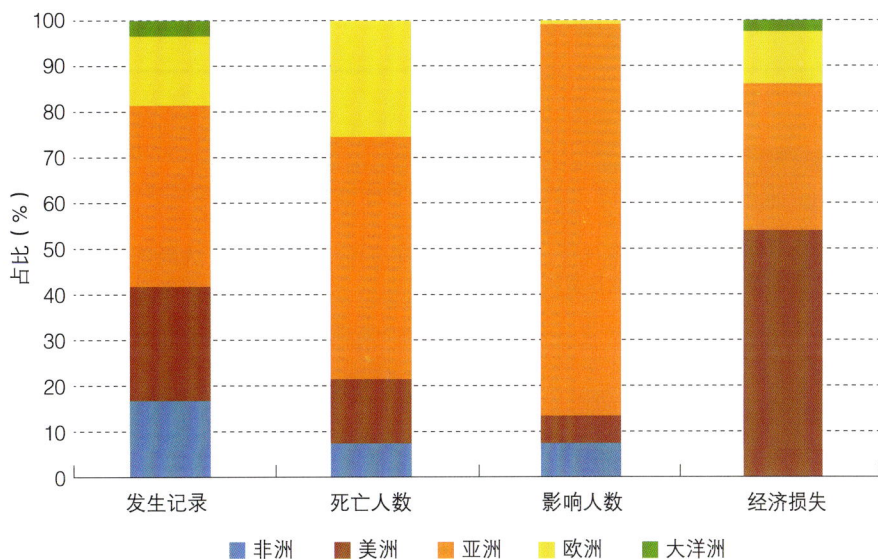

图 2-2　1998—2017 年各大洲气候相关灾害数据❶

2.2　发展思路

2.2.1　全球能源互联网发展理念

能源发展方式的不合理是引发全球可持续发展挑战的关键因素，化石能源的大量消耗导致全球资源匮乏、环境污染、气候变化、健康贫困等一系列严峻问题。应对挑战，走可持续发展之路，实质就是推动清洁发展。构建全球能源互联网，为推动世界能源转型、加快清洁发展提供了根本方案。全球能源互联网是能源生产清洁化、配置广域化、消费电气化的现代能源体系，

---

❶　数据来源：灾害流行病学研究中心和联合国减少灾害风险办公室，经济损失、贫困和灾害 1998—2017, 2018。

是清洁能源在全球范围大规模开发、输送和使用的重要平台，实质就是**"智能电网＋特高压电网＋清洁能源"**。

构建全球能源互联网，将加快推动**"两个替代、一个提高、一个回归、一个转化"**。

两个替代

能源开发实施清洁替代，以水能、太阳能、风能等清洁能源替代化石能源；能源消费实施电能替代，以电代煤、以电代油、以电代气、以电代柴，用的是清洁发电。

一个提高

提高电气化水平和能源效率，增大电能在终端能源消费中的比重，在保障用能需求的前提下降低能源消费量。

一个回归

化石能源回归其基本属性，主要作为工业原料和材料使用，为经济社会发展创造更大价值、发挥更大作用。

一个转化

通过电力将二氧化碳、水等物质转化为氢气、甲烷、甲醇等燃料和原材料，破解资源困局，满足人类永续发展需求。

构建全球能源互联网，加快形成清洁主导、电为中心、互联互通、共建共享的能源系统，能够极大地促进能源开发、配置和消费全环节转型，让人人获得清洁、安全、廉价和高效的能源，开辟一条以能源清洁发展推动全球可持续发展的科学道路。

2.2.2 亚洲能源互联网促进亚洲可持续发展

亚洲可持续发展需秉持绿色低碳发展理念，坚持发展与转型并举，统筹亚洲各国目标与诉求，推动亚洲经济全面均衡发展，促进产业绿色低碳转型升级，全面落实《巴黎协定》2摄氏度温控目标，深化区域全方位协同合作，实现亚洲更为公平和均衡的可持续发展。

经济方面	**社会方面**	**合作方面**	**环境方面**
以能源清洁发展推进产业发展绿色转型，促进亚洲各区域和国家间互联互通、增进贸易往来。	提高电力普及率，促进亚洲均衡发展，不断提升社会福祉，强化社会的均衡与包容性发展，增进区域互信。	以能源合作为龙头，推动区域能源市场合作，深化亚洲区域一体化协调发展。	加大温室气体和各类污染物排放控制力度，积极推动生态文明建设。

实现亚洲可持续发展，关键是加快开发清洁能源，加强能源基础设施互联互通，构建亚洲能源互联网，打造清洁能源大规模开发、大范围输送和高效率使用平台，保障安全、充足、经济、高效的能源供应，加速实现绿色低碳发展。亚洲能源互联网是全球能源互联网的重要组成部分，发展总体思路是加快亚洲区域内丰富的水能、太阳能及风能资源开发，以清洁化发展保障能源持续供应，促进能源向绿色低碳转型；以技术创新和能效提升，加快提高电能在终端能源的占比，有效应对气候变化和环境污染问题；以"电—矿—冶—工—贸"联动发展模式，推动能源发展方式和经济产业发展模式转型；以能源电力互联互通，促进亚洲电力一体化建设，增强区域发展活力，实现亚洲平衡可持续发展。

2.3　发展重点

大力开发清洁能源，全面优化能源结构。结合各国资源优势，开发东南亚和中国西南水电，大力发展南亚、西亚、中亚、中国西北的太阳能和风力发电，适度发展东南亚地热、潮汐发电，形成清洁能源为主导的发展目标和方向，从电源侧打破各国对化石能源的过度依赖。

提高电能在终端能源的占比，促进区域能源转型升级。电能是清洁高效、使用便捷、应用广泛的二次能源，是现代社会不可或缺的生产和生活资料。加快亚洲清洁电源的发展，在推动工业化、城镇化进程的同时，注重全面提高清洁能源可及性和各行业电气化水平，不断创新清洁能源利用技术，提升能源利用效率，减少温室气体和污染物排放，有效应对气候变化和环境污染问题，改善生活环境状况。

推动"电—矿—冶—工—贸"联动发展，创造新经济增长点。依托亚洲丰富的清洁能源和矿产资源，推动电力、采矿、冶金、工业、贸易联动发展，形成上下游利益共享、合作共赢的产业链，实现资金投入、资源开发、工业发展、出口创汇的良性循环，将资源优势转化为经济优势，打造支柱产业，增强发展动能。从根本上改变能源发展方式和经济产业发展模式，保障亚洲可持续发展。

推动能源电力互联互通，增强区域发展活力。以推行各国政策沟通、电网联通、贸易畅通和合作贯通的"四通"举措，推动加快建设和升级各国国内互联电网，实施跨国联网工程，构建长效合作机制，形成更加包容的能源发展体系，提高亚洲电力一体化水平，保障可持续的能源安全，打造清洁低碳、紧密互联、合作共赢的能源共同体。

通过建设绿色低碳高效、多能互补互济、区域共建共享的亚洲能源互联网，促进绿色低碳发展与转型、推动区域一体化建设，实现能源与经济、社会、环境协调可持续发展。

3

能源电力发展趋势

　　围绕促进亚洲经济、社会和环境的全面协调可持续发展，实现《巴黎协定》2摄氏度温控目标，综合考虑资源、人口、经济、产业、技术、气候和环境等因素，基于全球能源互联网能源电力需求预测、电源装机规划等模型（见附录1），对亚洲能源电力发展趋势进行研判。亚洲能源供应向清洁主导方向发展，能源消费向电为中心方向发展，能源需求稳步增长。终端部门电气化水平提高，拉动亚洲尤其是东亚和南亚电力需求持续增长。随着风电和太阳能发电成本的快速下降，清洁能源装机规模和速度快速提升，电力供应呈现清洁化、多元化、广域化发展趋势。

3.1　能源需求

3.1.1　总体发展研判

　　经济发展、人口增长、工业化加速与产业转型等因素推动亚洲能源需求较快增长。亚洲人口基数大，且大多数国家人均GDP还处于较低水平。综合考虑人口增长、市场空间、资源优势等因素，预计亚洲未来经济继续保持较快增长，2020—2050年，GDP年均增长4%，增速位居世界前列。亚洲人均能源消费量是全球平均水平的78%；参照发达国家历史经验，亚洲能源需求增长空间大。而当前亚洲大部分国家正处于工业化进程中，推进工业化发展需要能源作为保障。东南亚和南亚国家开始加大基础设施建设力度，积极发展劳动密集型产业，承接国际产能转移等。中日韩和新兴工业经济体加快向高端产业转型，实现经济高质量发展。中亚、西亚资源出口国开始注重多元化产业发展，寻求经济新增长点。预计未来亚洲能源服务需求持续提升，能源需求也将保持较快增长。

　　一次能源向水风光协同方向发展。亚洲能源需求量大、增长快，不能走传统的消费化石能源的老路，必须转变能源发展方式，以清洁能源实现亚洲可持续发展。亚洲清洁能源资源丰富，随着清洁能源发电技术的快速发展，发电度电成本显著降低，竞争力将超过化石能源发电，清洁能源发展空间巨大。加快推动各类清洁能源大规模协同开发利用，优先开发东南亚和中国西南水电，大力发展南亚、西亚、中亚和中国西北的太阳能和风力发电，以太阳能、风能、水能等清洁能源替代化石能源发电，推动能源清洁低碳化发展，减少对化石能源的依赖。

　　终端用能结构中电能占比快速提升。当前亚洲大部分国家电气化水平较低，东南亚、南亚等一些国家仍消费大量传统生物质，电能替代潜力大。随着电能替代技术不断成熟、经济性不断改善，以及各行业用能习惯的不断改变，亚洲终端用能部门电能替代将加速推进。工业部门，电能将替代化石能源为各类工业过程提供热能；交通部门，电能、电制氢能、电制合成燃料将替代油气在各类交通运输场景中大范围普及应用；建筑部门，电能将在炊事、采暖、制冷等领域深度替代化石能源；农业部门，电排灌、电加工等农业电气化进程也将持续推进。通过消费侧实施电能替代，推动终端电能比重不断提升，促进区域可持续发展。

3.1.2 能源需求展望

一次能源需求稳定较快增长，占全球比重上升。按发电煤耗法计算，2016—2050 年亚洲一次能源需求持续增长，由 95 亿吨标准煤增至 149.3 亿吨标准煤，年均增速 1.3%，较世界平均水平高 0.6 个百分点。其中，2016—2035 年年均增速 1.8%，2036—2050 年年均增速 0.7%。亚洲占全球一次能源需求的比重由 46% 上升至 57%。**人均一次能源需求稳步提升，高于目前全球平均水平**。2016—2050 年，亚洲人均一次能源需求从 2.2 吨标准煤提升至 2.9 吨标准煤，超过目前世界平均水平。其中，东亚、西亚人均一次能源需求较高，均为 4.2 吨标准煤；南亚、东南亚人均一次能源需求提升幅度最大，分别从 0.8、1.4 吨标准煤提升至 2.0、1.9 吨标准煤，但仍低于亚洲其他区域。2016—2050 年亚洲各区域一次能源需求预测如图 3-1 所示，各区域预测情况详见附表 2-2。

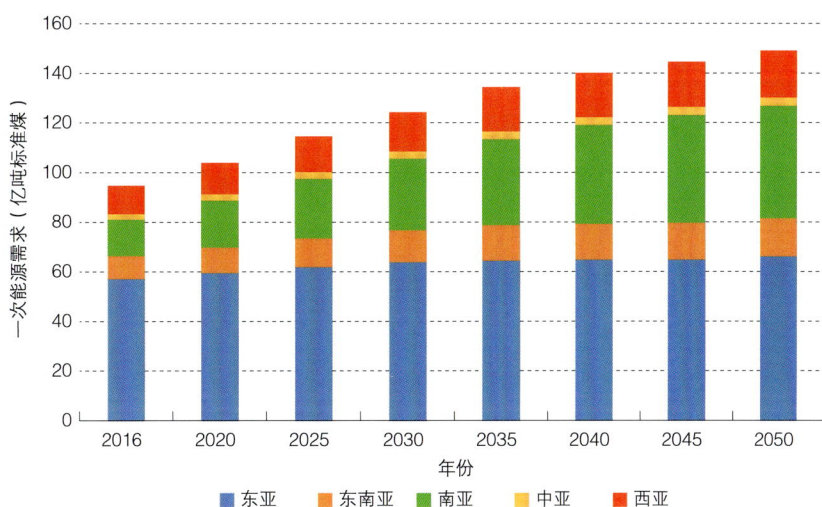

图 3-1 亚洲各区域一次能源需求预测

南亚一次能源需求增速、增量均领先亚洲其他区域，东南亚、西亚增速较快，东亚增速较缓。
2016—2050 年，南亚一次能源需求从 14.7 亿吨标准煤增长至 45.1 亿吨标准煤，年均增速 3.4%，增速领先于亚洲其他区域，增量占亚洲总增量的一半以上；东南亚一次能源需求从 9.3 亿吨标准煤增长至 15.5 亿吨标准煤，增长 67%，年均增速 1.5%；西亚、中亚一次能源需求增长也较快，年均增速分别为 1.5% 和 1.2%，均高于世界平均水平；东亚一次能源需求增速较缓，从 57.2 亿吨标准煤增至 66.2 亿吨标准煤，年均增速约 0.4%，低于亚洲其他区域。亚洲各区域一次能源需求年均增长预测见图 3-2。

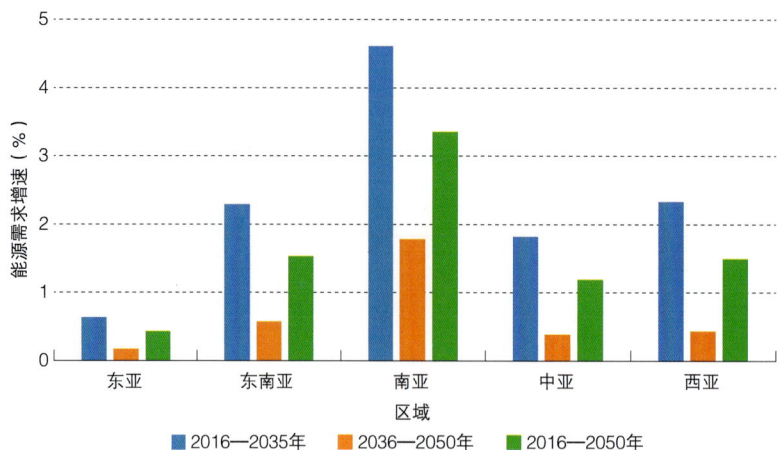

图 3-2　亚洲各区域一次能源需求年均增长预测

能源强度下降 58%，达到目前 OECD 国家水平。随着各项节能技术和深度电能替代技术进一步推广应用，亚洲能源效率持续提升，单位 GDP 能耗逐年下降。2016—2050 年，亚洲单位 GDP 能耗从 3.5 吨标准煤 / 万美元下降到 1.5 吨标准煤 / 万美元，降幅 58%，达到目前 OECD 国家平均水平。东亚、西亚单位 GDP 能耗下降较快，分别从 3.1、4.3 吨标准煤 / 万美元下降至 1.1、1.7 吨标准煤 / 万美元，降幅分别为 64%、59%；中亚未来仍将以能源密集型产业为发展重点，单位 GDP 能耗从 9.0 吨标准煤 / 万美元下降至 4.8 吨标准煤 / 万美元，降幅 36%，仍大大高于亚洲其他区域。亚洲各区域单位 GDP 能耗预测如图 3-3 所示。

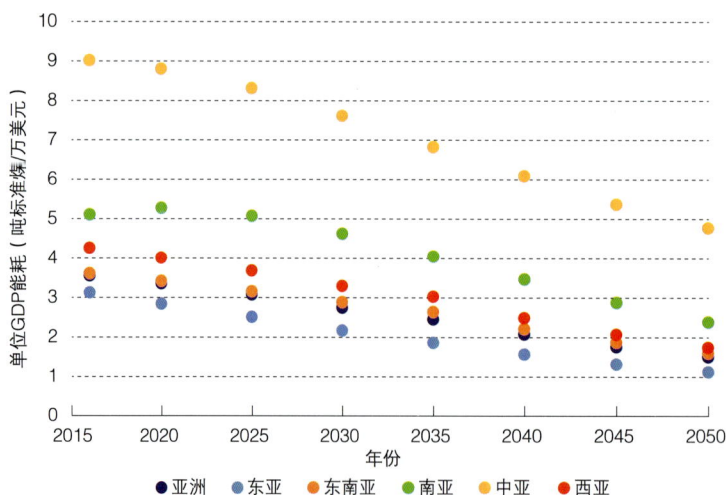

图 3-3　亚洲各区域单位 GDP 能耗预测

煤炭需求在 2025 年后快速下降，石油、天然气需求在 2035 年左右达峰，能源结构逐步从化石能源主导向清洁能源主导转变。2016—2025 年，亚洲煤炭需求保持在 39 亿吨标准煤左右。此后快速下降，2050 年降至 12.3 亿吨标准煤，降幅 68%。石油、天然气需求在 2035 年左右达到峰值约 28 亿、24 亿吨标准煤，2050 年需求分别为 21.1 亿、19 亿吨标准煤，年均下降 0.5% 和 0.6%。风光等可再生能源需求增长快速，2050 年达到 66.1 亿吨标准煤，年均增速达到 10%。2050 年，亚洲一次能源需求中煤炭、石油和天然气比重分别下降至 7%、11% 和 13%，风光等可再生能源比重达到 47%。亚洲一次能源分品种需求预测如图 3-4 所示。2016—2050 年，亚洲清洁能源增长 5 倍，达到 96.9 亿吨标准煤，清洁能源占一次能源比重从 2016 年的 18% 大幅提高到 2050 年的 69%。❶ 其中，南亚和东亚清洁能源占比最高，均超过 70%。2040 年前，清洁能源超越化石能源成为亚洲主导能源。亚洲各区域清洁能源占一次能源比重预测如图 3-5 所示。

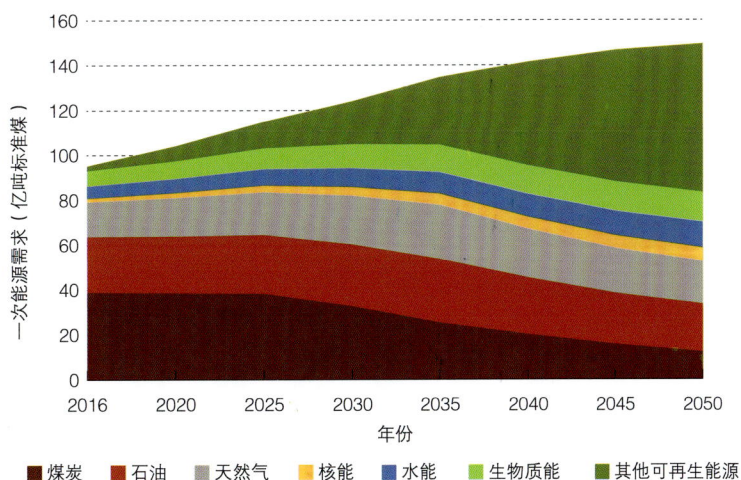

图 3-4　亚洲一次能源分品种需求情况预测

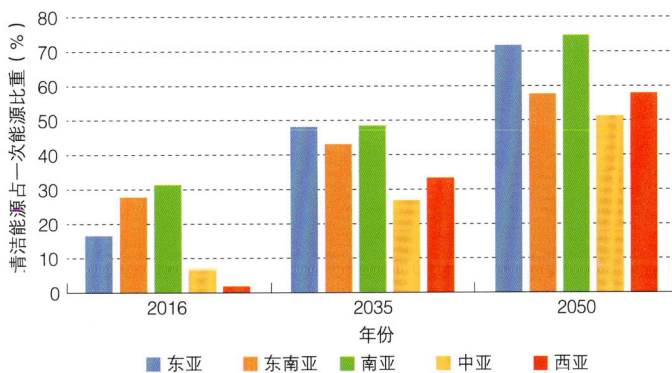

图 3-5　亚洲各区域清洁能源占一次能源比重预测

亚洲终端能源需求 2035 年前保持快速增长，之后进入平台期。2016—2035 年，亚洲终端能源需求从 62.3 亿吨标准煤增长至 87.9 亿吨标准煤，年均增速 1.7%；2036—2050 年，终端能源需求进入平台期，2050 年达到 89.2 亿吨标准煤，较 2016 年提升 43%，2016—2050 年年均增速约 1%。

能源需求格局从工业部门为主向均衡化方向演变。在工业部门中：东亚工业用能需求下降

---

❶　各类能源占一次能源比重计算时，不计入化石能源非能利用，下同。

部分抵消其他区域需求增长。2050 年工业用能增长至 31.2 亿吨标准煤，年均增速 0.8%，占终端用能比重较 2016 年下降 4 个百分点至 35%。在建筑部门中：南亚、东南亚人口稳定增长，引领建筑部门用能需求快速提升。2050 年建筑部门用能需求增至 31.4 亿吨标准煤，超过工业成为第一大终端用能部门，用能需求年均增速 1.5%，占终端用能比重增至 35%。在交通部门中：各国不断提高的出行需求拉动交通用能需求持续增长。2040 年，交通用能需求达到 18.1 亿吨标准煤，此后电动汽车规模化效应、铁路电气化和氢能交通的推广应用带动交通用能效率快速提升，能源需求略有下降；2050 年交通部门用能需求为 17.7 亿吨标准煤，年均增速 1.2%，占终端用能比重 20%。化石能源利用方式从直接燃烧向作为原材料演变，2050 年非能利用方式用能需求增长至 8.8 亿吨标准煤，占终端用能比重 10%。亚洲终端各部门能源需求预测如图 3-6 所示。

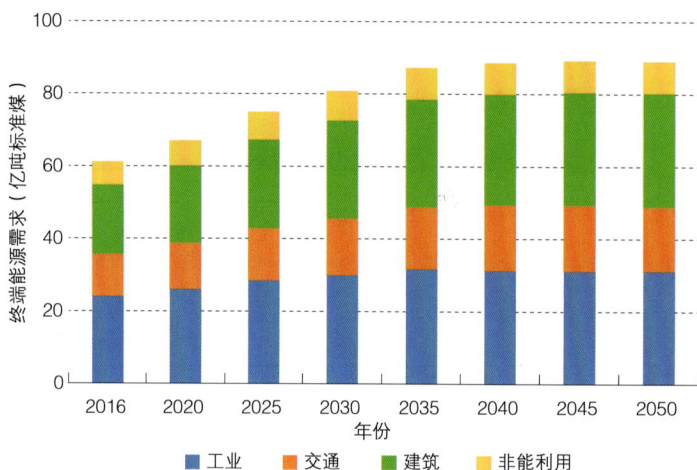

图 3-6　亚洲终端各部门能源需求预测

亚洲终端能源电能比重不断提升，2030 年左右电能成为占比最高的终端能源品种。 2050 年，亚洲化石能源占终端能源比重下降至 25%。其中，石油、天然气需求将在 2035 年左右达峰，峰值分别约 25 亿、11 亿吨标准煤，2050 年分别降至 18.2 亿、7 亿吨标准煤。同期，亚洲发电能源占一次能源比重从 39% 提高到 67%，电能占终端能源比重从 24% 提高到 55%，❶ 高于 66% 和 54% 的全球平均水平。2030 年左右，亚洲电能将超过石油成为占比最高的终端能源品种。2050 年东亚和南亚电能占终端能源比重达到 60% 左右，东南亚和中亚电能占终端能源比重较低，分别为 42% 和 40%。亚洲终端能源各品种需求和电能占比预测如图 3-7 所示。

---

❶　电能占终端能源比重计算时，不计入化石能源非能利用，下同。

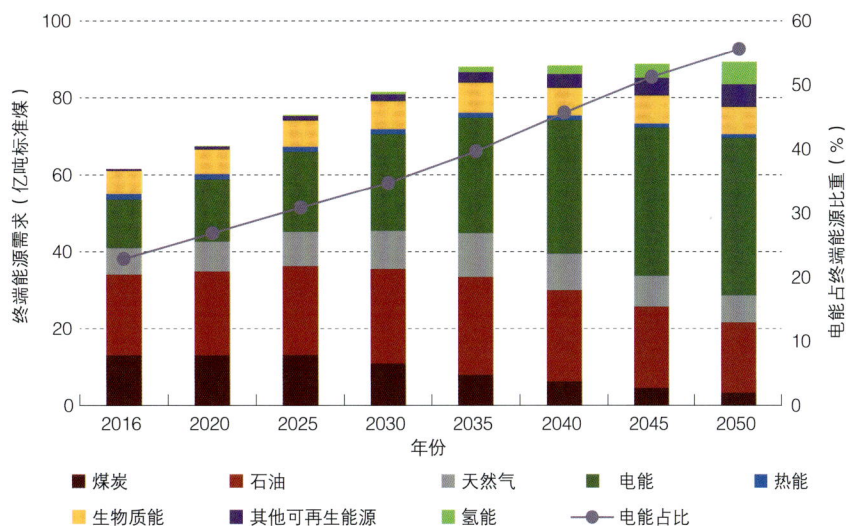

图 3-7 亚洲终端能源各品种需求和电能占比预测

交通部门电能占比提升 40 个百分点，建筑部门电能占比最高。 2016—2050 年，亚洲大部分国家工业化进程仍将持续，用电生产线和电炉将逐步成为制造业主力设备，电能占比从 24% 提升至 49%。交通部门中，随着电动汽车、铁路电气化和氢能交通的大范围普及，部门电能占终端能源比重快速提高，部门电能占比将从不足 1% 提升至 41%。建筑部门是电气化水平最高的终端用能部门，未来居民采暖的高度电气化、商业用电和数据中心用电潜力将大幅提升，建筑部门电能占比从 31% 提高到 67%。亚洲终端各部门电能占比变化预测如图 3-8 所示。

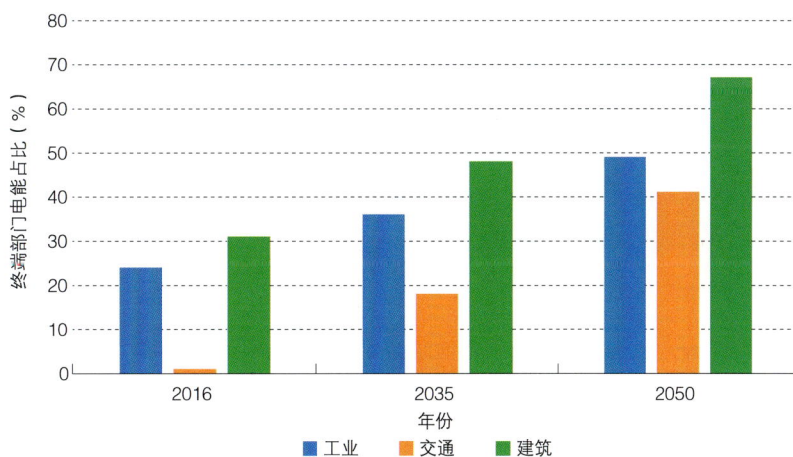

图 3-8 亚洲终端各部门电能占比预测

| 专 栏 | 沙特阿拉伯能源结构转型 |

沙特阿拉伯化石能源资源丰富,原油、天然气储量分别为2663亿桶和8.72万亿立方米,❶ 分别居世界第二和第四位。沙特阿拉伯发电结构以燃气发电和燃油发电为主。2016年沙特阿拉伯燃油发电量1402亿千瓦时,占总发电量的41%,年发电耗油2.5亿桶;燃气发电量2047亿千瓦时,占总发电量的59%,年发电耗天然气580亿立方米。2017年沙特阿拉伯原油出口量达25.4亿桶,稳居世界首位,年创汇达1600亿美元。

沙特阿拉伯庞大的原油出口量和持续扩大的油气发电规模,导致油气资源过快消耗,引起政府关注。同时,沙特阿拉伯面临经济结构转型及气候变化等多重压力,寻找清洁的替代能源、减少经济发展对油气出口的依赖已提上日程。沙特阿拉伯太阳能资源丰富,地广人稀,适宜大型太阳能基地建设,为能源转型提供了可行性。经济性方面,沙特阿拉伯火电成本约为5美分/千瓦时,风光发电将逐步具备竞争力。据预测,风光发电成本有望在2020年和2025年前后低于化石能源发电,光伏光热混合发电成本也将在远期具有竞争力。

采用世界平均单位发电的油耗和气耗,❷ 并假设沙特阿拉伯原油出口量保持2017年水平,在不同场景下2017—2050年沙特阿拉伯石油和天然气储量变化情况预测如图1和图2所示。

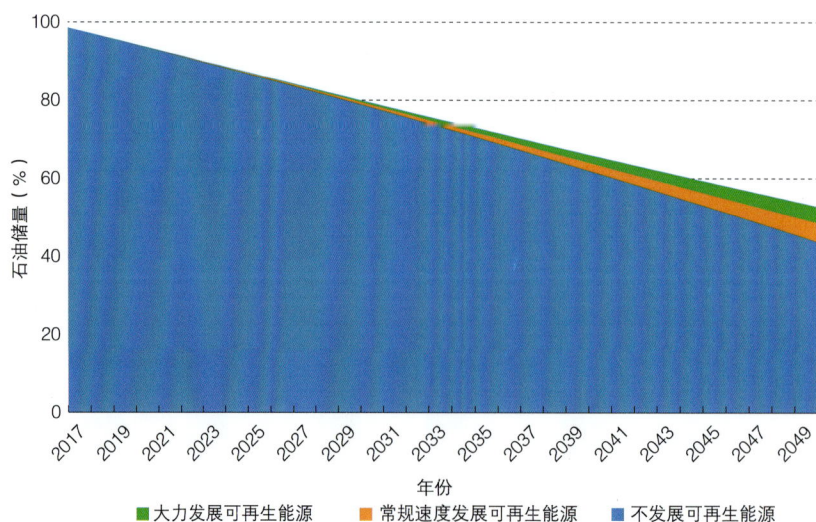

图 1　沙特阿拉伯石油储量变化趋势预测

---

❶ 数据来源:石油输出国组织,沙特阿拉伯数据库,2018。
❷ 数据来源:美国能源信息署。

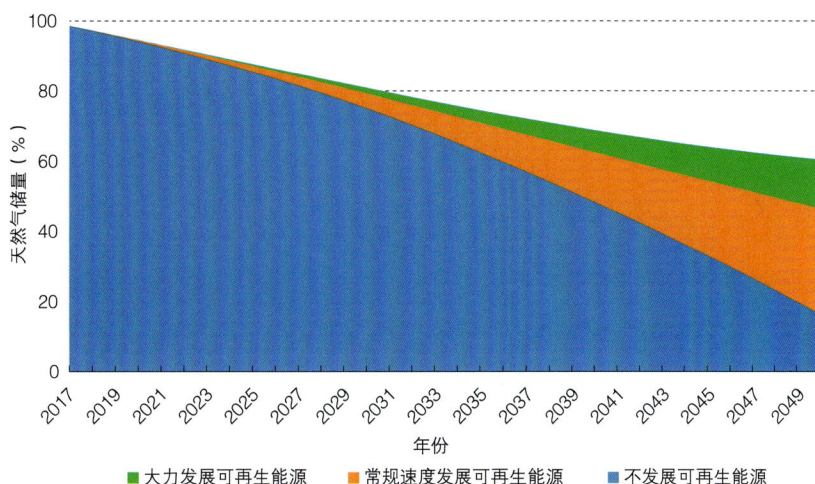

图2　沙特阿拉伯天然气储量变化趋势预测

预测显示，若维持目前以燃油发电和燃气发电为主的电源结构，2017—2035年间将消耗沙特阿拉伯近三分之一的油气储量，到2050年剩余石油储量将不足44%，天然气储量低至17%。若沙特阿拉伯以风光发电作为国内的主要电源，燃气发电用以调峰，原油主要用于出口创汇。在此场景下，2035年和2050年清洁能源装机容量分别达到2.7亿千瓦和4.7亿千瓦，火电发电量分别下降至40%和15%，油气消耗将大大降低。在不减少原油出口的情况下，2050年沙特阿拉伯油气储量仍至少维持现储量的53%和61%。

在实现能源清洁转型后，沙特阿拉伯石油出口将持续带来可观的外汇收入。同时，丰富的太阳能资源将为其提供源源不断的清洁电力，不仅能够保证国内用电需求，还可外送其他国家。清洁能源产业将成为沙特阿拉伯经济的重要增长点，有效解决经济结构单一问题，促进其可持续发展。

3.2　电力需求

3.2.1　总体发展研判

电力需求仍将持续增长。亚洲电力需求总量大，但人均用电量水平较低，2016年仅为北美发达地区的四分之一。亚洲经济社会仍处于较快速发展阶段，大部分发展中国家处于工业化、城镇化快速推进期，未来电力需求增长空间仍然很大。其中，东亚和南亚将持续引领亚洲电力需求增长。

发展转型中的电能替代是推动电力需求增长的重要因素。工业、交通、居民生活等领域大力推广电锅炉、电窑炉、电热泵等设备，发展电动汽车、港口岸电、空港陆电等技术，提升家庭电气化，使用电能替代烧煤、燃油的能源消费方式。电能替代助力能源清洁转型的同时，将有效拉动电力需求增长。

3.2.2　电力需求展望

亚洲电力需求总量稳步增长，2035 年和 2050 年电力需求分别是 2016 年的 2.3 倍和 3.3 倍。 亚洲用电量从 2016 年的 11 万亿千瓦时，增长至 2035 年的 24.9 万亿千瓦时和 2050 年的 36.3 万亿千瓦时。2016—2035 年亚洲用电量年均增长率约 4.4%，2036—2050 年亚洲用电量年均增长率约 2.5%。亚洲最大负荷从 2016 年的 19.1 亿千瓦，增长至 2035 年的 43.2 亿千瓦和 2050 年的 63.3 亿千瓦。2016—2035 年亚洲最大负荷年均增长率约 4.4%，2036—2050 年最大负荷年均增长率约 2.6%。亚洲用电量占全球的比重从 2016 年的 49% 增至 2050 年的 59%。亚洲电力需求预测见表 3-1。

表 3-1　亚洲电力需求预测

区域	用电量（万亿千瓦时）			用电量增速（%）		最大负荷（亿千瓦）			负荷增速（%）	
	2016	2035	2050	2016—2035	2036—2050	2016	2035	2050	2016—2035	2036—2050
东亚	7.6	14.1	16.9	3.3	1.2	12.9	24.2	29.3	3.4	1.3
东南亚	0.9	2.0	3.2	4.6	3.1	1.4	3.6	5.7	5.0	3.3
南亚	1.3	5.9	11.7	8.2	4.7	2.1	9.6	19.5	8.4	4.9
中亚	0.2	0.4	0.6	3.7	2.7	0.4	0.7	1.1	3.1	2.7
西亚	1.0	2.5	3.9	5.13	2.9	2.3	5.1	7.7	4.3	2.8
亚洲	11.0	24.9	36.3	4.4	2.5	19.1	43.2	63.3	4.4	2.6

人均用电水平显著提升，东亚人均用电水平最高，南亚人均用电水平增长最快。 2016—2050 年亚洲年人均用电量从 2500 千瓦时增长至 7035 千瓦时，2050 年人均用电量是 2016 年的 2.8 倍。2050 年，东亚年人均用电量较高，约 1 万千瓦时。南亚年人均用电量增长相对较快，从 2016 年的 750 千瓦时增长至 2050 年的 5260 千瓦时。东南亚、中亚和西亚年人均用电量保持稳步增长，2050 年人均用电量分别达到 3950、6540 千瓦时和 8640 千瓦时。亚洲各区域年人均用电量预测如图 3-9 所示。

图 3-9　亚洲各区域年人均用电量预测

　　从地域分布来看，电力需求主要集中分布在东亚和南亚。2050 年东亚和南亚用电量分别达到 16.9 万亿千瓦时和 11.7 万亿千瓦时，占亚洲用电量的比例分别为 46% 和 32%。中亚、西亚和东南亚电力需求增速有所加快，在亚洲用电量占比分别维持 2%、11% 和 9% 左右。亚洲各区域用电量占比预测如图 3-10 所示。

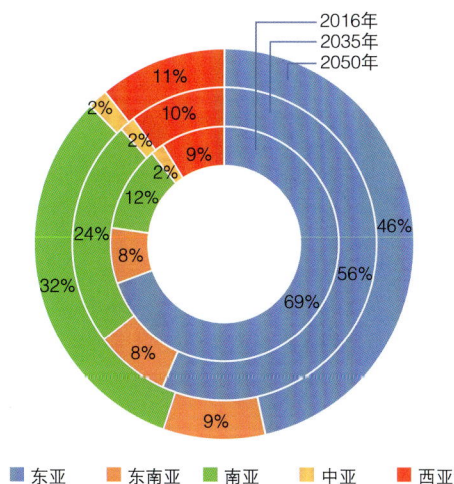

图 3-10　亚洲各区域用电量占比预测

　　2050 年亚洲电力普及率达到 100%，全面实现人人享有电能目标。随着清洁能源发电、输配电、智能配电网及微电网等技术的广泛应用，满足人民生产生活需要，可为南亚和东南亚贫困人口提供可靠电力供应，2050 年全面解决无电人口通电问题。

3.3 电力供应

3.3.1 总体发展研判

未来，亚洲电力供应发展的总体趋势是注重电源装机结构的清洁化发展，以清洁绿色方式保障经济可靠的电力供应。

清洁能源发电竞争力显著增强，预计 2025 年前光伏和陆上风电竞争力将全面超过化石能源。 2019 年全球光伏发电、陆上风电平均度电成本与 2010 年相比分别下降 83% 和 50%。预计 2025 年前，全球范围内光伏发电和风电竞争力将全面超过化石能源发电；到 2035 年，集中式开发的光伏发电和风电的全球平均度电成本将分别下降到 2.0 美分和 3.3 美分，到 2050 年分别下降到 1.5 美分和 2.6 美分。亚洲清洁能源资源丰富，随着清洁能源发电技术的快速发展，到 2050 年光伏发电和陆上风电平均度电成本有望降至 1.4 美分和 2.4 美分。亚洲光伏发电、陆上风电度电成本现状和预测如图 3-11 所示。

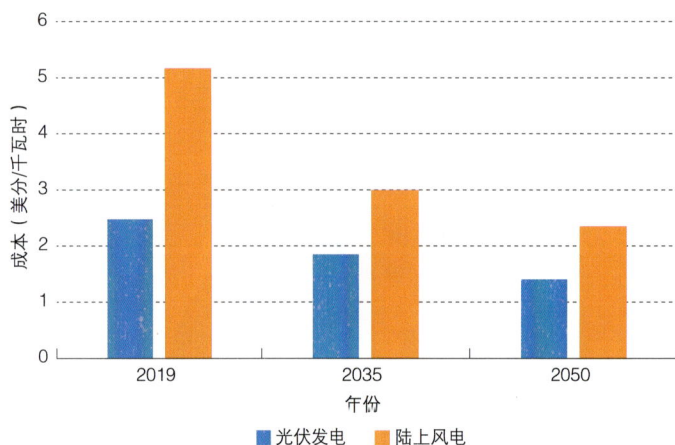

图 3-11 亚洲光伏发电、陆上风电度电成本现状和预测

清洁能源装机容量快速增长。 随着清洁能源技术的进步，开发效率不断提高和开发成本持续降低，已具备加快开发的条件。全球温控和碳减排目标对亚洲能源转型、低碳发展带来巨大压力和挑战，要实现亚洲主要国家制定的应对气候变化减排目标，清洁能源大规模发展势不可挡。从资源禀赋和发展趋势来看，风电、太阳能将成为清洁能源发展主力。亚洲水风光清洁能源也具有很好的跨时空互补性，通过大范围电网互联实现多能互补开发利用，大量具备灵活调节能力的水电可以支撑间歇性的风电和太阳能发电大规模开发和接入。

3.3.2 电力供应展望

根据亚洲清洁能源资源禀赋和空间分布，结合各国能源电力发展规划，综合考虑能源电力需求发展趋势、网源荷协调、气候变化及环境治理等因素，按照能源电力绿色、低碳和可持续发展原则，统筹开发各类型电源，充分发挥多能互补效益。

2035 年和 2050 年亚洲总装机容量分别为 92.6 亿千瓦和 157.5 亿千瓦，是 2016 年的 3 倍和 5 倍。其中，火电装机容量占比持续降低，到 2050 年装机容量约 25 亿千瓦，占比为 16%。亚洲电源装机展望如图 3-12 所示。各个国家和地区的具体电力发展现状与展望详见附表 2-3 和附表 2-4。

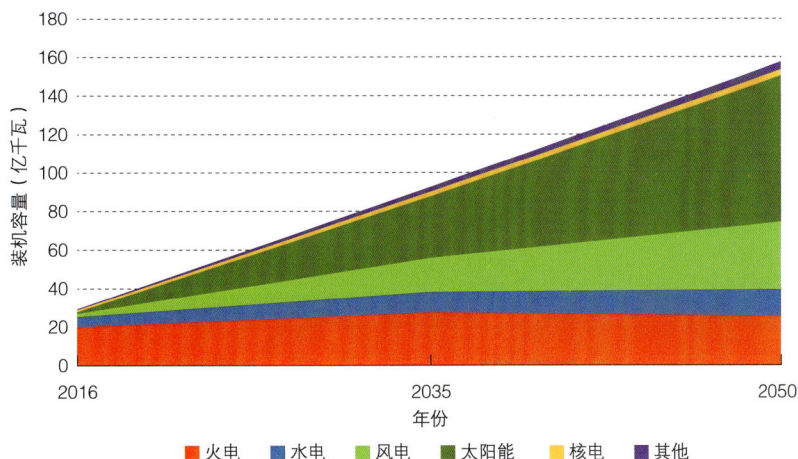

图 3-12 亚洲电源装机展望

2035 年和 2050 年亚洲清洁能源装机容量分别为 65 亿千瓦和 132 亿千瓦，占比从 2016 年的 33%，提升至 2035 年的 70% 和 2050 年的 84%。清洁能源装机容量中，太阳能和风电占比分别从 2016 年的 4% 和 6% 提升至 2050 年的 48% 和 22%；水电装机容量占比从 2016 年的 17% 下降至 2035 年的 12% 和 2050 年的 9%；核电装机容量下降至 2050 年的 2%；其他装机容量占比约 3%。亚洲电源装机结构如图 3-13 所示。

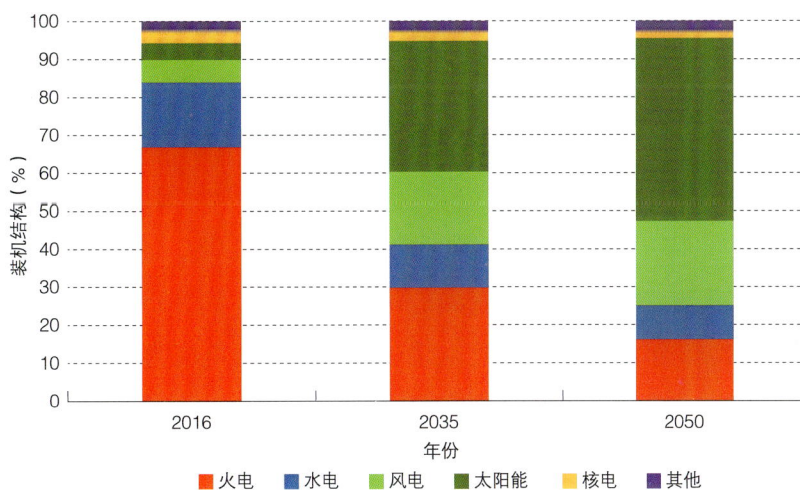

图 3-13 亚洲电源装机结构

2035 年和 2050 年亚洲清洁电源发电量分别为 15.5 万亿千瓦时和 29.8 万亿千瓦时，占总发电量的比例为 61% 和 80%。 其中，太阳能发电量分别为 6 万亿千瓦时和 14.4 万亿千瓦时，占总发电量的比例分别为 24% 和 39%；风电发电量分别为 3.6 万亿千瓦时和 7.4 万亿千瓦时，占总发电量的比例分别为 14% 和 20%；水电发电量分别为 3.1 万亿千瓦时和 4.1 万亿千瓦时，占总发电量的比例分别为 12% 和 11%。

分区域，东亚装机容量相对较大，占亚洲总装机比例不断降低。2035 年和 2050 年东亚装机容量分别为 50.2 亿千瓦和 69.3 亿千瓦，占亚洲总装机容量的 54% 和 44%；东南亚占亚洲总装机比例基本保持稳定，2035 年和 2050 年装机分别为 7 亿千瓦和 11.9 亿千瓦，均占亚洲总装机容量的 8%；南亚占亚洲总装机比例显著提升，2035 年和 2050 年装机容量分别为 23.1 亿千瓦和 55.5 亿千瓦，占亚洲总装机容量的 25% 和 35%；西亚 2035 年和 2050 年装机容量分别为 10.5 亿千瓦和 17.5 亿千瓦，均占亚洲总装机容量的 11%；中亚 2035 年和 2050 年装机容量分别为 1.8 亿千瓦和 3.3 亿千瓦,均占亚洲总装机容量的 2%。亚洲各区域电源装机展望如图 3-14 所示。

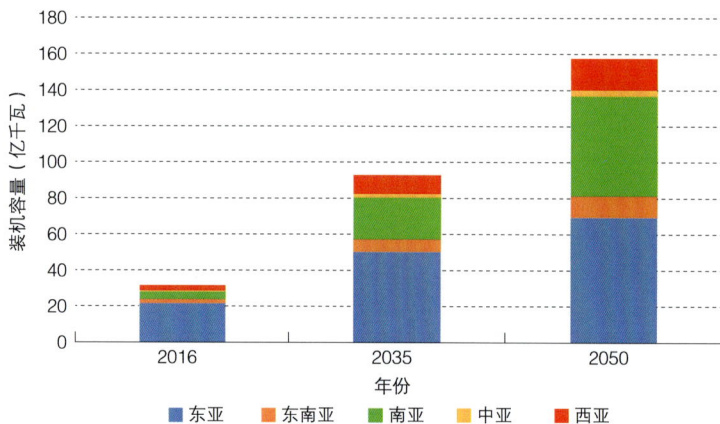

图 3-14　亚洲各区域电源装机展望

从装机结构看，南亚和西亚大力开发太阳能资源，到 2050 年太阳能发电装机容量分别占各自区域总装机容量的 60% 和 71%。东南亚大力推进水电资源开发，到 2050 年水电装机容量占总装机容量的 20%。中亚开发风电和太阳能发电资源，到 2050 年分别占总装机容量的 19% 和 42%。东亚统筹太阳能、风电及水电资源的可持续利用，到 2050 年分别占总装机容量的 38%、30% 和 12%。2035 年前清洁能源发电超过化石能源发电成为主导电源。亚洲各区域电源装机占比和结构如图 3-15 和图 3-16 所示。

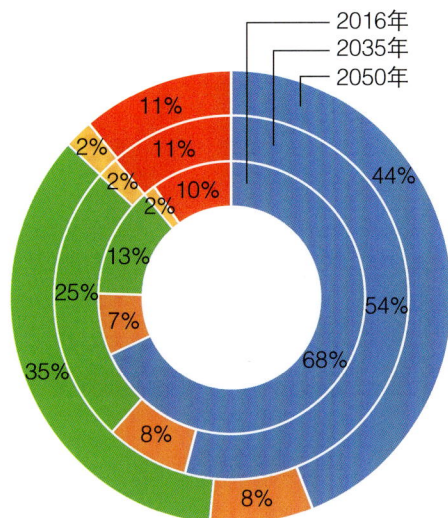

图 3-15　亚洲各区域电源装机占比

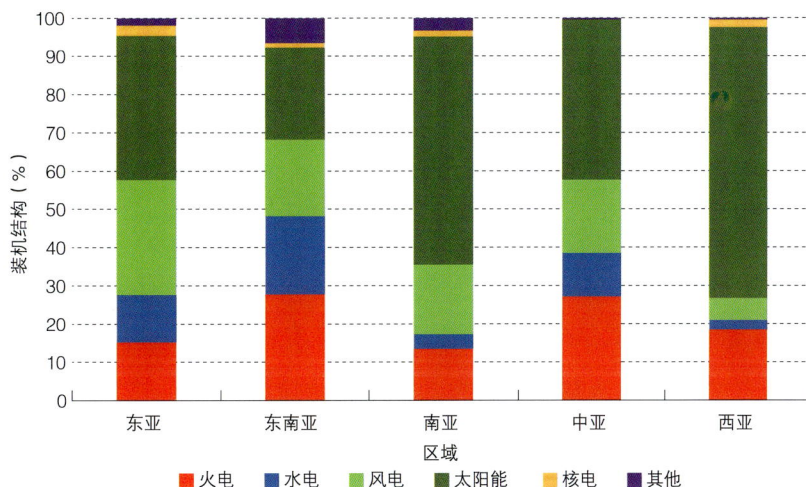

图 3-16　亚洲各区域电源装机结构

专　栏 **斯里兰卡百分之百可再生能源供电模式**

　　斯里兰卡化石能源贫乏，化石能源发电成本高，目前燃油发电和燃煤发电成本分别为11美分／千瓦时和7美分／千瓦时。可再生能源资源较为丰富，北部和南部均具备开发大型风光基地的条件。根据斯里兰卡政府在联合国气候变化大会提出的2050年实现100%可再生能源供电目标，斯里兰卡将全面退出火力发电，逐步形成以光伏发电和风力发电为主的发电结构。由于风光发电具有间歇性和随机性，储能将成为未来关键技术之一，服务电网调峰需求。根据预测，2050年斯里兰卡用电量和最大负荷将分别达到940亿千瓦时和1587万千瓦，清洁能源装机容量达到3865万千瓦。结合负荷特性和电源出力情况，2050年斯里兰卡电力系统典型日运行模拟曲线如图1所示。

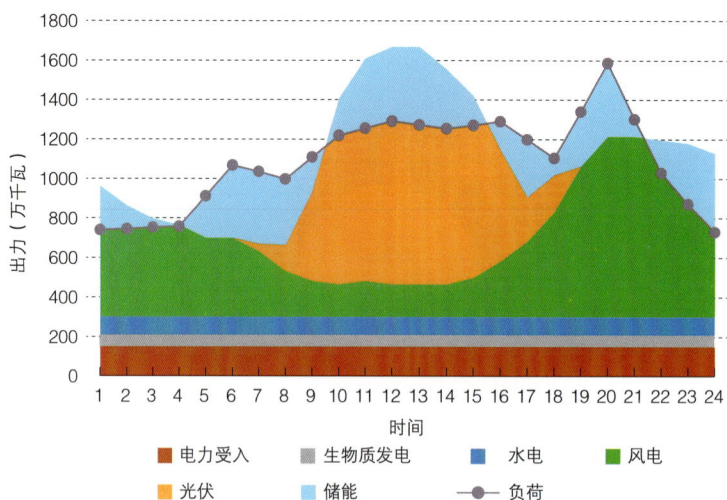

图 1　2050 年斯里兰卡电力系统典型日运行模拟曲线

　　根据模拟结果，为满足 100% 可再生能源供电场景下的电力供需及运行要求，考虑光伏发电和风力发电分别配备一定的储能，斯里兰卡火力发电、配备储能的光伏发电和风力发电的平准化成本如图 2 所示。考虑技术进步及规模化效应，风光储度电成本将在未来快速下降。据估算，配备储能的风光发电成本将在 2035 年分别降至 5.2 美分 / 千瓦时和 6.8 美分 / 千瓦时，2050 年降至 3.5 美分 / 千瓦时和 3.4 美分 / 千瓦时。随着燃料成本的上升，以及碳税等相关环保费用的征收，化石能源发电成本将有所上升。根据预测，风光发电将分别在 2030 年和 2035 年左右成为斯里兰卡较为经济的电源。

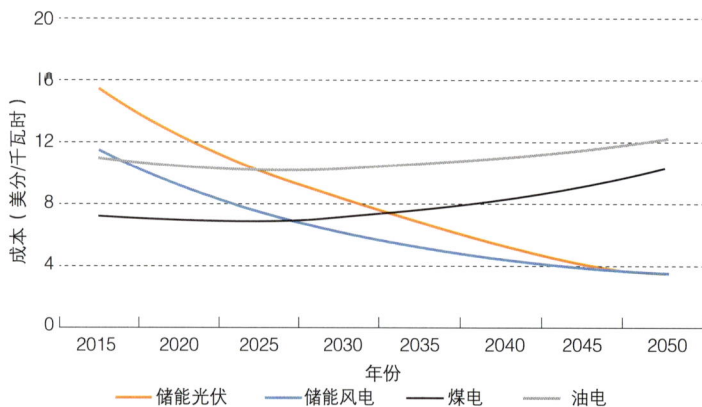

图 2　斯里兰卡各类发电平准化成本变化趋势示意图

4

清洁能源资源
开发布局

　　亚洲清洁能源资源丰富、分布不均，主要有水能、风能、太阳能和地热能等，其中水能、风能和太阳能理论蕴藏量分别占全球总量的 47%、25% 和 25%。❶ 亚洲清洁能源资源开发利用程度相对较低，水能资源开发比例约 10%，风能和太阳能资源开发比例不足万分之一，开发潜力巨大。需要因地制宜推动清洁能源集中式和分布式协同发展，实现亚洲清洁能源的大规模开发和高效利用。综合风、光、降水等气候及地理信息、地物覆盖等数据，提出了清洁能源资源评估模型（见附录 1）。在此基础上，参考借鉴相关国家、国际组织和机构等发布的研究成果，对亚洲清洁能源资源及大型基地布局进行研判。

4.1　清洁能源资源分布

　　亚洲清洁能源资源丰富。清洁能源资源主要分布在呈"人"字形的两条能源带上，如图 4-1 所示。一条从西亚、中亚、中国西北、蒙古到中国东北，以太阳能、风能为主；另一条从南亚北部、中国西南、缅甸到老挝，以水能为主。

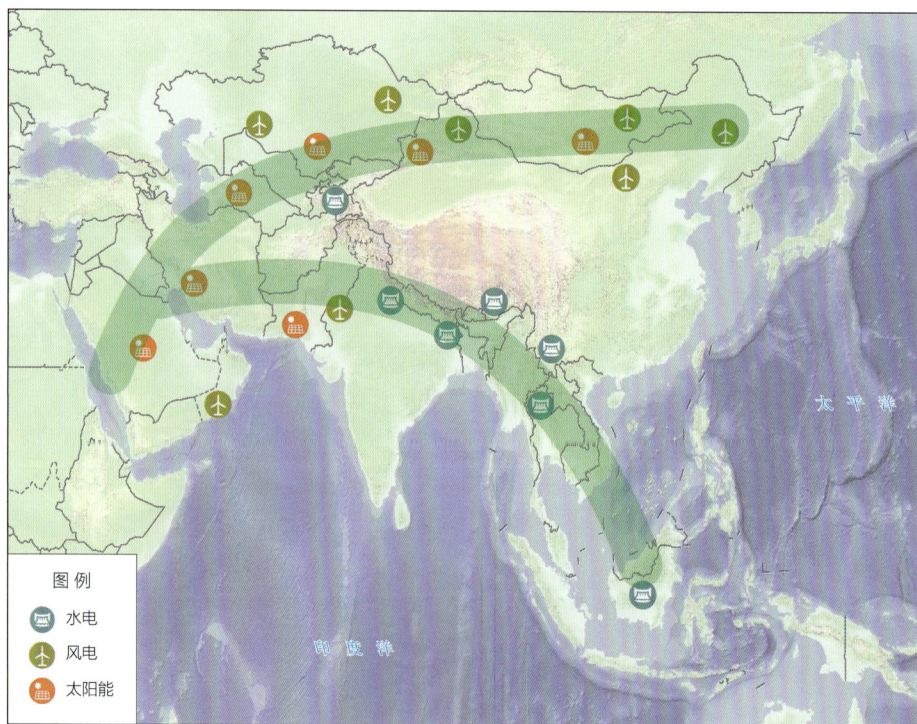

图 4-1　亚洲清洁能源资源分布示意图

　　清洁能源资源与人口、经济呈现逆向分布。亚洲人口和经济中心主要分布在东部的太平洋沿岸和南部印度洋沿岸地区，与清洁能源呈现逆向分布态势。亚洲清洁能源资源与人口密度分布示意如图 4-2 所示。

---

❶　数据来源：刘振亚，全球能源互联网，2015。亚洲水能、风能和太阳能总理论蕴藏量的计算包含俄罗斯相关数据。

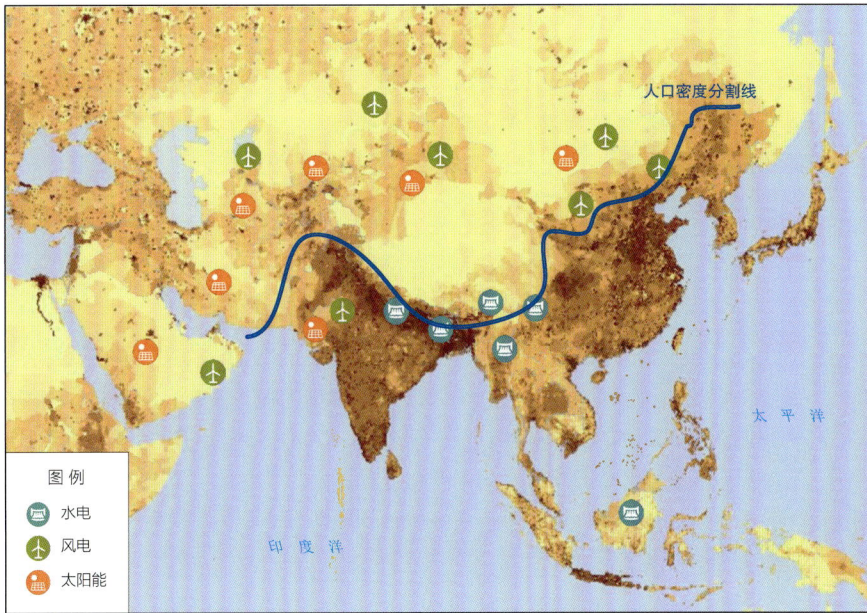

图 4-2　亚洲清洁能源资源与人口密度分布示意图

4.1.1　水能

亚洲水能资源理论蕴藏量约 18 万亿千瓦时／年，主要分布在雅鲁藏布江、怒江、澜沧江、金沙江、大渡河、伊洛瓦底江、萨尔温江、湄公河、恒河、布拉马普特拉河、印度河、阿姆河和锡尔河等流域。亚洲主要河流水系分布示意如图 4-3 所示。

图 4-3　亚洲主要河流水系分布示意图

雅鲁藏布江

发源于中国西藏西南部喜马拉雅山北麓的杰马央宗冰川，由西向东横贯西藏南部，绕过喜马拉雅山脉最东端的南迦巴瓦峰转向南流。雅鲁藏布江干流全长 2104 千米，总落差约 5435 米，流域面积 24 万平方千米，技术可开发量 1.7 亿千瓦，开发程度较低。

怒江

发源于中国西藏北部的唐古拉山，干流流经中国西藏、云南，经缅甸、泰国，在缅甸的毛淡棉附近注入印度洋的安达曼海。怒江干流全长 3240 千米，落差大，流域面积 32.5 万平方千米，技术可开发量 3600 万千瓦，尚未得到开发。

澜沧江

发源于青藏高原唐古拉山，经老挝、缅甸、泰国、柬埔寨流入越南。澜沧江干流全长约 4500 千米，总落差约 5060 米，流域面积约 74.4 万平方千米，技术可开发量 3875 万千瓦，开发比例约 59%。

金沙江

长江的上游河段，流经中国青海、西藏和云南至四川宜宾与岷江汇合后始称长江。金沙江干流全长 3481 千米，落差 3300 米，流域面积约 50.2 万平方千米，技术可开发量 1.1 亿千瓦，开发比例约 55%；最大支流雅砻江全长 1571 千米，落差 3830 米，流域面积 13.6 万平方千米，技术可开发量约 3420 万千瓦，开发比例约 56%。

大渡河

发源于中国青海省玉树藏族自治州境内阿尼玛卿山脉的果洛山南麓，是长江支流岷江的正源。大渡河干流全长 1062 千米，流域面积 7.8 万平方千米，技术可开发量约 3250 万千瓦，开发比例约 63%。

伊洛瓦底江

缅甸第一大河，河源有东西两支，东支恩梅开江发源于中国西藏（中国称独龙江），西支迈立开江发源于缅甸北部山区。伊洛瓦底江干流全长 2714 千米，流域面积达 40 多万平方千米。

萨尔温江

中国称怒江，发源于中国西藏，经中国云南流入缅甸，最后注入马达班海湾。萨尔温江在东南亚境内干流全长 1660 千米，流域面积 20.5 万平方千米。

湄公河 ▶ ......
东南亚第一大河，干流长度 2749 千米，流域面积 79.5 万平方千米，技术可开发量超过 3000 万千瓦，已建成水电站 15 座，装机容量共计约 734 万千瓦。

恒河 ▶ ......
发源于喜马拉雅山脉，注入孟加拉湾，干流全长 2700 千米，流域面积 106 万平方千米。恒河在印度境内的水电资源集中在北部喜马拉雅山西南麓的北阿肯德邦，技术可开发量 2030 万千瓦，开发比例约 34%。尼泊尔境内戈西河、甘达基河和格尔纳利河属于恒河水系，水电资源丰富，技术可开发量分别为 1090 万、530 万千瓦和 2400 万千瓦，开发比例不足 2%。

布拉马普特拉河 ▶ ......
发源于中国西藏，上游中国境内河段称作雅鲁藏布江，从中国西藏进入印度，流经孟加拉国后称为贾木纳河，最后注入孟加拉湾。布拉马普特拉河干流在印度境内的水电资源集中在东北部，技术可开发量约 2900 万千瓦，开发比例约 7%。

印度河 ▶ ......
主要流经巴基斯坦和印度，河流总长 2900 千米，流域总面积约 116.5 万平方千米。印度河在巴基斯坦境内的水电资源主要集中在干流和支流杰赫勒姆河，技术可开发量分别为 3970 万千瓦和 560 万千瓦，已开发比例不足 20%。印度河在印度境内的水电资源集中在西北部，水电技术可开发量约 3300 万千瓦，已开发比例约 52%。

阿姆河 ▶ ......
发源于中国与阿富汗瓦罕走廊边界的南瓦根基山口附近，是中亚流量最大的河流，流经塔吉克斯坦、阿富汗、乌兹别克斯坦、土库曼斯坦四个国家，最终注入咸海。阿姆河干流全长 2540 千米，流域面积 46.5 万平方千米，主要支流有瓦赫基尔河、喷赤河和巴尔坦格河，技术可开发量超过 4550 万千瓦，开发比例约 9%。

锡尔河 ▶ ......
发源于中国与吉尔吉斯斯坦边界附近的伊塞克湖南岸西天山山地，流经塔吉克斯坦、乌兹别克斯坦、哈萨克斯坦三国，注入咸海。锡尔河干流全长 2212 千米，流域面积 21.9 万平方千米，主要支流有纳伦河和卡拉达利亚河，技术可开发量超过 1450 万千瓦，开发比例约 20%。

东亚的中国是亚洲水能资源最丰富的国家，蕴藏量居世界首位，技术可开发量约 6.6 亿千瓦，已开发 3.4 亿千瓦，开发比例约 52%。东南亚的中南半岛水电技术可开发量约 1.3 亿千瓦，开发比例约 21%；加里曼丹岛蕴藏丰富的水能资源，技术可开发量约 4400 万千瓦，已开发 356 万千瓦，开发比例约 8%。南亚水能资源蕴藏量丰富，技术可开发量约 2.2 亿千瓦，已开发 6300 万千瓦，开发比例约 29%。中亚水电技术可开发量约 1.58 亿千瓦，已开发 1200 万千瓦，开发比例约 8%。

4.1.2　风能

亚洲风能资源较好，分布广，理论蕴藏量约 500 万亿千瓦时 / 年，开发比例不足万分之一。距地面 100 米高度全年平均风速范围为 2~12 米 / 秒。❶ 全年平均风速大于 7 米 / 秒的区域主要分布于阿富汗西部、伊朗东部、伊拉克西南部、沙特阿拉伯中部、阿曼东南沿海、哈萨克斯坦西南部、蒙古南部、中国北部和西南部等地区。阿富汗西部和伊朗东部，属温带大陆性气候，风能资源较好，风速较高，部分地区年平均风速为 12 米 / 秒。伊拉克西南部和沙特阿拉伯中部属热带沙漠气候，植被覆盖率低，全年平均风速为 7~9 米 / 秒。阿曼东南沿海临印度洋，受印度洋海风影响，部分区域年平均风速可达 9 米 / 秒以上。哈萨克斯坦西南部多为平原和低地，属温带大陆性气候，植被多为草本，风能资源好，部分地区年平均风速可达 8 米 / 秒以上。蒙古南部和中国北部接壤地区同属大陆性温带草原气候，年平均风速可达 9 米 / 秒。亚洲风速低于 5 米 / 秒的区域主要分布于尼泊尔、印度东北部、缅甸北部、马来西亚和印度尼西亚大部分地区。这些地区属热带雨林气候和热带季风气候，植被覆盖率高，风速较低。亚洲年平均风速分布示意如图 4-4 所示。

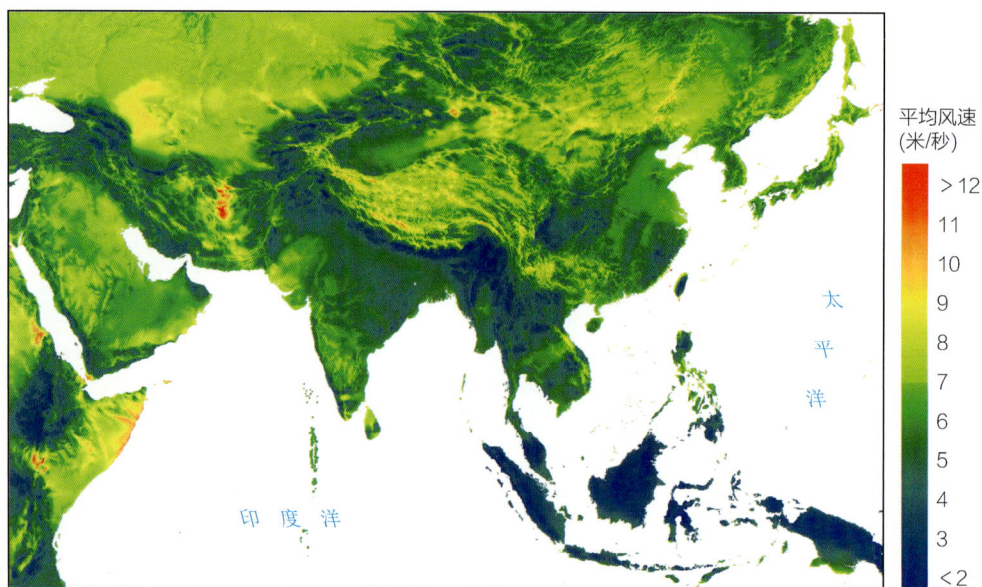

图 4-4　亚洲年平均风速分布示意图

4.1.3　太阳能

亚洲太阳能资源丰富，太阳能理论蕴藏量约 37500 万亿千瓦时 / 年，开发比例不足万分之一。亚洲太阳能年总水平面辐射量范围为 800~2700 千瓦时 / 平方米。❷ 亚洲太阳能年总水平

---

❶　数据来源：VORTEX，风能资源信息数据库。
❷　数据来源：SOLARGIS，太阳能资源信息数据库。

面辐射量大于 2000 千瓦时／平方米的区域主要包括约旦、沙特阿拉伯、也门、阿曼、阿联酋、卡塔尔、伊朗南部、阿富汗南部、巴基斯坦西部及中国西南部部分地区。其中，约旦、沙特阿拉伯、也门、阿曼、阿联酋和卡塔尔地处中东地区，伊朗南部、阿富汗南部及巴基斯坦西部除沿海地区属亚热带地中海气候外，其余地带属热带沙漠气候，气候干旱，气温高；中国西南部西藏地区气候变化较大，分为热带山地季风湿润气候及亚热带山地季风湿润气候，太阳能总水平面辐射量高。亚洲太阳能年总水平面辐射量低于 1000 千瓦时／平方米的区域主要分布于中国中部偏南部分地区。该地区属于亚热带季风湿润气候，降水量较为丰富，太阳能年总水平面辐射量较低。亚洲太阳能年总水平面辐射量分布示意如图 4-5 所示。

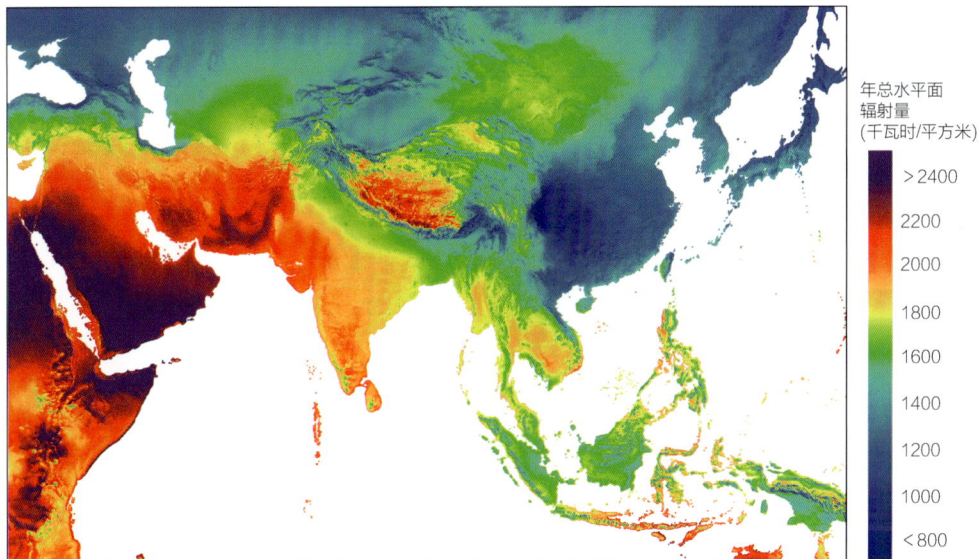

图 4-5 亚洲太阳能年总水平面辐射量分布示意图

　　亚洲太阳能年法向直接辐射范围为 200~3000 千瓦时／平方米。[1] 亚洲太阳能年总法向直射辐射量大于 2000 千瓦时／平方米的区域主要包括沙特阿拉伯、也门、阿曼、阿联酋、卡塔尔、伊朗南部、阿富汗南部、巴基斯坦西部及中国西南部地区。其中，沙特阿拉伯、也门、阿曼、阿联酋、卡塔尔、伊朗南部、阿富汗南部及巴基斯坦西部地区，气候干旱，气温高，太阳能直射辐照度高，特别是约旦全境和沙特阿拉伯西北部地区，太阳能年总法向直射辐射量为 2500~3000 千瓦时／平方米；中国西南部部分地区太阳能年总法向直射辐射量可达 2500 千瓦时／平方米。亚洲太阳能年总法向直射辐射量低于 1000 千瓦时／平方米区域主要分布于中国中部偏南部分地区。该地区地形多为盆地地形，且植被覆盖率较高，太阳能年总法向直射辐射量低。亚洲太阳能年总法向直射辐射量分布示意如图 4-6 所示。

---

[1] 数据来源：SOLARGIS，太阳能资源信息数据库。

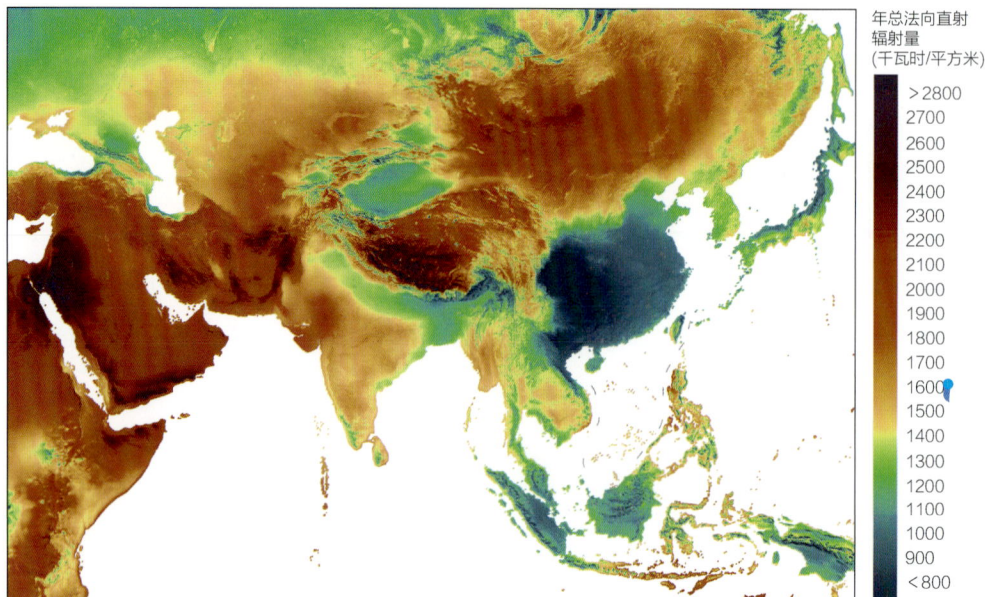

图 4-6 亚洲太阳能年总法向直射辐射量分布示意图

4.1.4 地热能

亚洲地热能资源主要集中在东南亚的印度尼西亚和菲律宾。该区域属于环太平洋地热带的一部分。印度尼西亚是全世界蕴藏地热能源最丰富的国家。印度尼西亚地热能资源占全球总量的 40%，已探明发电潜力约 2890 万千瓦，❶ 其中苏门答腊岛约 1400 万千瓦，爪哇岛和巴厘岛约 900 万千瓦，苏拉威西岛约 200 万千瓦。2016 年，印度尼西亚地热能发电开发比例约 5%，未来可开发空间巨大。菲律宾地热能技术可开发量约 1200 万千瓦。2016 年，菲律宾地热开发比例约 16%。

4.2 清洁能源基地布局

统筹清洁能源资源分布、开发条件及各国能源电力发展规划，2050 年建设 100 余个大型清洁能源基地，总开发装机容量约 54 亿千瓦。其中，主要流域水电基地装机容量约 6.4 亿千瓦，61 个太阳能发电基地装机容量约 34 亿千瓦，62 个风电基地装机容量约 14 亿千瓦。

4.2.1 水电基地

亚洲主要开发东亚中国及东南亚、南亚、中亚的多个水电基地。

---

❶ 数据来源：东盟能源中心，东盟电力合作报告，2017。

1 东亚水电基地

东亚主要开发中国西南地区的雅鲁藏布江、怒江、澜沧江、金沙江、大渡河、雅砻江等流域水电。中国水电基地布局示意如图 4-7 所示，各基地装机情况见表 4-1。

图 4-7 中国水电基地布局示意图

表 4-1 中国水电基地装机情况

流域	技术可开发量 （万千瓦）	开发比例 （%）	2035 年装机容量 （万千瓦）	2050 年装机容量 （万千瓦）
雅鲁藏布江	17258	—	0	7600
怒江	3600	—	3200	3600
澜沧江	3875	59	3200	3200
金沙江	10800	55	9000	9000
大渡河	3250	63	2800	2800
雅砻江	3420	56	3000	3000
合计	42203	29	21200	29200

2 东南亚水电基地

东南亚水电基地主要分布在中南半岛和加里曼丹岛，东南亚水电基地布局示意如图 4-8 所示，各基地装机情况见表 4-2。

图 4-8　东南亚水电基地布局示意图

表 4-2　东南亚水电基地装机情况

地区	技术可开发量 （万千瓦）	开发比例 （%）	2035 年装机容量 （万千瓦）	2050 年装机容量 （万千瓦）
中南半岛	12640	21	7500	11000
加里曼丹岛	4400	8	3000	3900
合计	17040	18	10500	14900

3 南亚水电基地

南亚主要开发恒河、布拉马普特拉河和印度河流域水电基地。南亚水电基地布局示意如图 4-9 所示，各基地装机情况见表 4-3。

图 4-9 南亚水电基地布局示意图

表 4-3 南亚水电基地装机情况

流域	技术可开发量（万千瓦）	开发比例（%）	2035 年装机容量（万千瓦）	2050 年装机容量（万千瓦）
恒河	6250	11	3600	5600
布拉马普特拉河	2900	7	2400	3500
印度河	9000	26	5000	8000
合计	18150	18	11000	17100

4 中亚水电基地

中亚主要开发阿姆河和锡尔河流域水电基地。中亚水电基地布局示意如图4-10所示，各基地装机情况见表4-4。

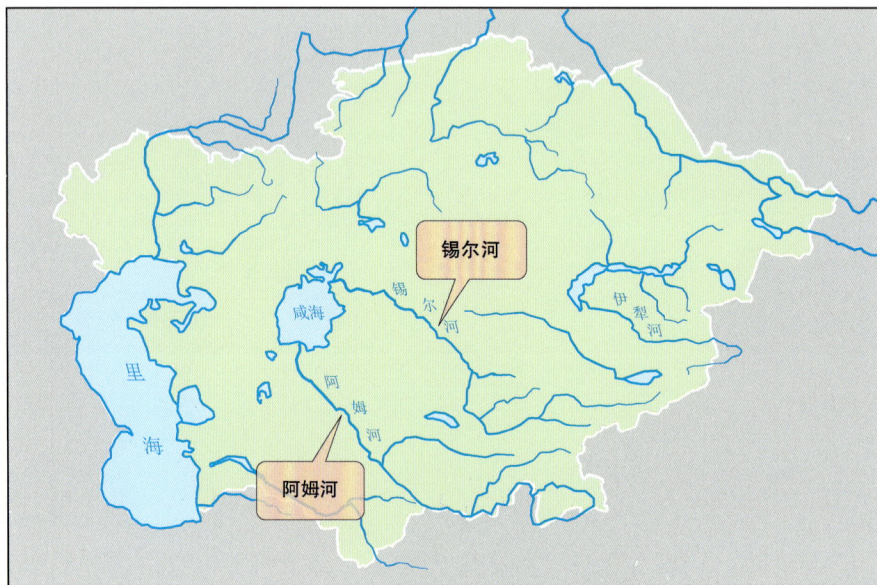

图4-10　中亚水电基地布局示意图

表4-4　中亚水电基地装机情况

流域	技术可开发量（万千瓦）	开发比例（%）	2035年装机容量（万千瓦）	2050年装机容量（万千瓦）
阿姆河	4550	9	900	1200
锡尔河	1450	20	900	1200
合计	6000	12	1800	2400

4.2.2　风电基地

亚洲重点开发东亚中国和蒙古、中亚哈萨克斯坦和西亚东南部地区的风电基地。

1 **东亚风电基地**

东亚风电基地分布在中国新疆、甘肃、内蒙古、吉林、河北及蒙古等，共建设 30 个大型风电基地，总技术可开发量 11.5 亿千瓦。东亚风电基地布局示意情况如图 4-11 所示，各基地装机情况见表 4-5。

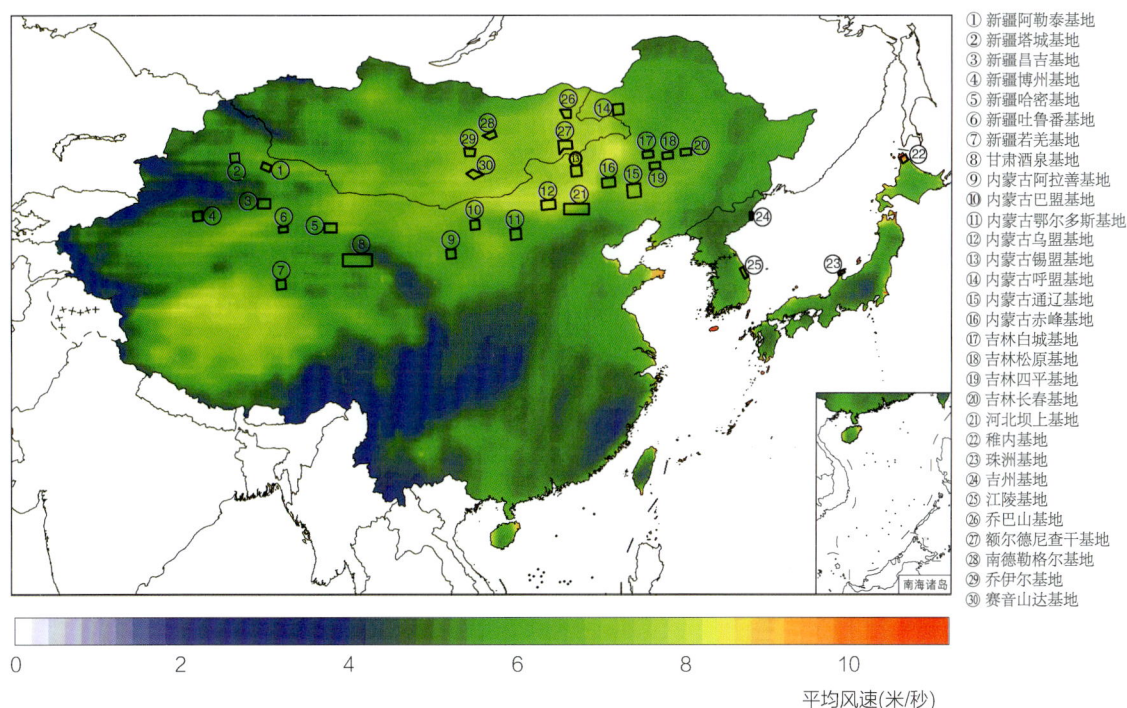

① 新疆阿勒泰基地
② 新疆塔城基地
③ 新疆昌吉基地
④ 新疆博州基地
⑤ 新疆哈密基地
⑥ 新疆吐鲁番基地
⑦ 新疆若羌基地
⑧ 甘肃酒泉基地
⑨ 内蒙古阿拉善基地
⑩ 内蒙古巴盟基地
⑪ 内蒙古鄂尔多斯基地
⑫ 内蒙古乌盟基地
⑬ 内蒙古锡盟基地
⑭ 内蒙古呼盟基地
⑮ 内蒙古通辽基地
⑯ 内蒙古赤峰基地
⑰ 吉林白城基地
⑱ 吉林松原基地
⑲ 吉林四平基地
⑳ 吉林长春基地
㉑ 河北坝上基地
㉒ 稚内基地
㉓ 珠洲基地
㉔ 吉州基地
㉕ 江陵基地
㉖ 乔巴山基地
㉗ 额尔德尼查干基地
㉘ 南德勒格尔基地
㉙ 乔伊尔基地
㉚ 赛音山达基地

平均风速(米/秒)

图 4-11　东亚风电基地布局示意图

表 4-5　东亚风电基地装机情况

单位：万千瓦

序号	基地选址	所属国家	技术可开发量	2035 年装机容量	2050 年装机容量
1	新疆阿勒泰	中国	2000	1100	1600
2	新疆塔城	中国	2400	1400	2000
3	新疆昌吉	中国	9000	5200	7200
4	新疆博州	中国	2300	1400	2000
5	新疆哈密	中国	14000	6500	9000

续表

序号	基地选址	所属国家	技术可开发量	2035 年装机容量	2050 年装机容量
6	新疆吐鲁番	中国	1800	1200	1600
7	新疆若羌	中国	4800	2600	3600
8	甘肃酒泉	中国	12000	7800	11000
9	内蒙古阿拉善	中国	6500	3600	5000
10	内蒙古巴盟	中国	3000	1400	2000
11	内蒙古鄂尔多斯	中国	2000	1300	1800
12	内蒙古乌盟	中国	6500	3600	5000
13	内蒙古锡盟	中国	4500	2800	4000
14	内蒙古呼盟	中国	7000	4600	6500
15	内蒙古通辽	中国	5000	3000	4200
16	内蒙古赤峰	中国	2400	1400	2000
17	吉林白城	中国	2000	1200	1800
18	吉林松原	中国	2000	1200	1800
19	吉林四平	中国	1500	900	1200
20	吉林长春	中国	2500	1300	1800
21	河北坝上	中国	7900	4200	6000
22	稚内	日本	1500	400	800
23	珠洲	日本	1050	300	500
24	吉州	朝鲜	1650	500	700
25	江陵	韩国	1800	600	700
26	乔巴山	蒙古	2100	400	400
27	额尔德尼查干	蒙古	2700	—	300
28	南德勒格尔	蒙古	990	—	200
29	乔伊尔	蒙古	1350	1000	1000
30	赛音山达	蒙古	1050	—	500
	合计		115290	60900	86200

2 东南亚风电基地

东南亚风电基地分布在越南、泰国、缅甸、菲律宾、印度尼西亚沿海地区，共建设 6 个风电基地，总技术可开发量约 6900 万千瓦。东南亚风电基地布局示意如图 4-12 所示，各基地装机情况见表 4-6。

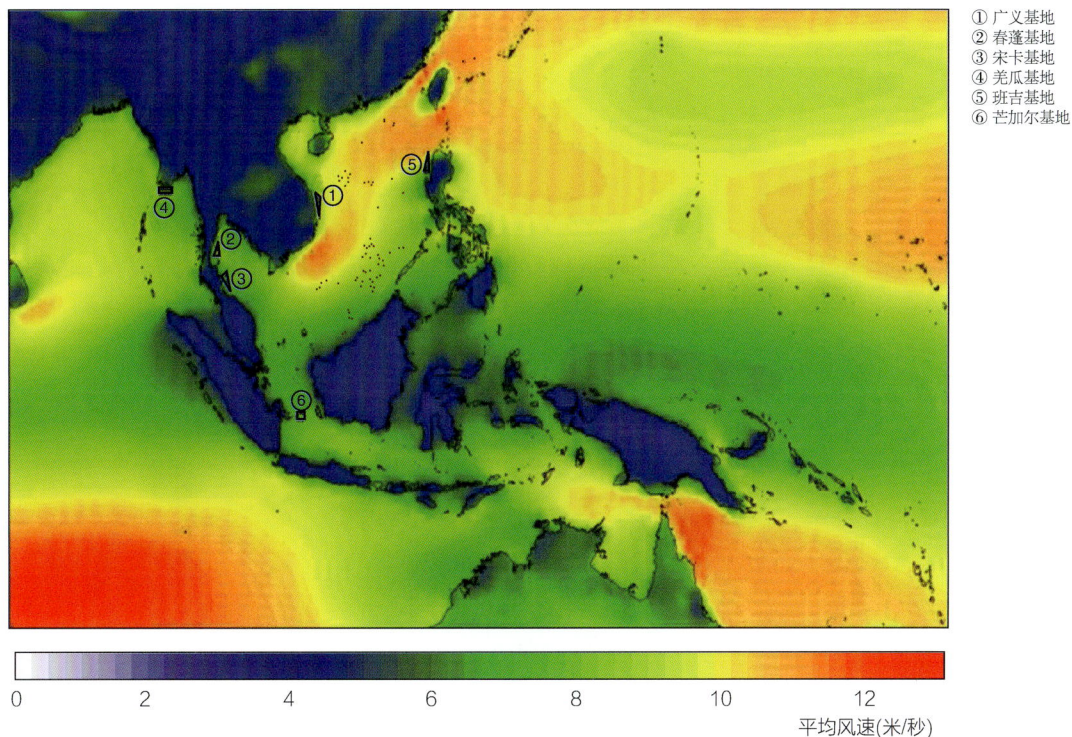

① 广义基地
② 春蓬基地
③ 宋卡基地
④ 羌瓜基地
⑤ 班吉基地
⑥ 芒加尔基地

平均风速(米/秒)

图 4-12 东南亚风电基地布局示意图

表 4-6 东南亚风电基地装机情况

单位：万千瓦

序号	基地名称	所属国家	技术可开发量	2035 年装机容量	2050 年装机容量
1	广义	越南	500	300	450
2	春蓬	泰国	1300	500	1100
3	宋卡	泰国	1100	500	900
4	羌瓜	缅甸	1400	500	1200
5	班吉	菲律宾	1300	400	1100
6	芒加尔	印度尼西亚	1300	600	1100
	合计		6900	2800	5850

3 南亚风电基地

南亚风电基地分布在印度西部和南部、巴基斯坦东南部和斯里兰卡北部海岸，共建设 13 个大型风电基地，总技术可开发量约 4.8 亿千瓦。南亚风电基地布局示意如图 4-13 所示，各基地装机情况见表 4-7。

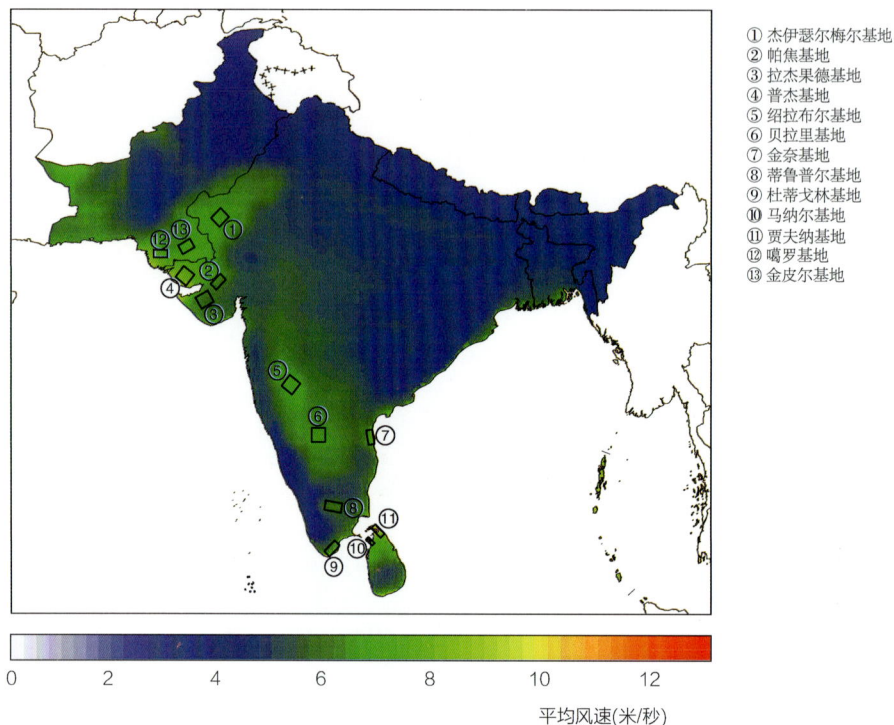

① 杰伊瑟尔梅尔基地
② 帕焦基地
③ 拉杰果德基地
④ 普杰基地
⑤ 绍拉布尔基地
⑥ 贝拉里基地
⑦ 金奈基地
⑧ 蒂鲁普尔基地
⑨ 杜蒂戈林基地
⑩ 马纳尔基地
⑪ 贾夫纳基地
⑫ 噶罗基地
⑬ 金皮尔基地

平均风速(米/秒)

图 4-13　南亚风电基地布局示意图

表 4-7　南亚风电基地装机情况

单位：万千瓦

序号	基地选址	所属国家	技术可开发量	2035 年装机容量	2050 年装机容量
1	杰伊瑟尔梅尔	印度	5500	2000	5000
2	帕焦	印度	4000	2600	4000
3	拉杰果德	印度	5000	2000	5000
4	普杰	印度	5500	2000	5000
5	绍拉布尔	印度	5000	20000	4000
6	贝拉里	印度	4000	2000	4000
7	金奈	印度	2500	1000	2000
8	蒂鲁普尔	印度	4000	1200	3000
9	杜蒂戈林	印度	3000	1400	2500
10	马纳尔	斯里兰卡	2000	500	1000
11	贾夫纳	斯里兰卡	1500	300	700
12	噶罗	巴基斯坦	3000	1000	2000
13	金皮尔	巴基斯坦	2500	400	1000
	合计		47500	36400	39200

4 中亚风电基地

中亚风电基地主要分布在哈萨克斯坦的阿特劳、曼吉斯套、努尔苏丹、卡拉干达及图尔克斯坦，共建设 5 个大型风电基地，总技术可开发量约 8100 万千瓦。中亚风电基地布局示意如图 4-14 所示，各基地装机情况见表 4-8。

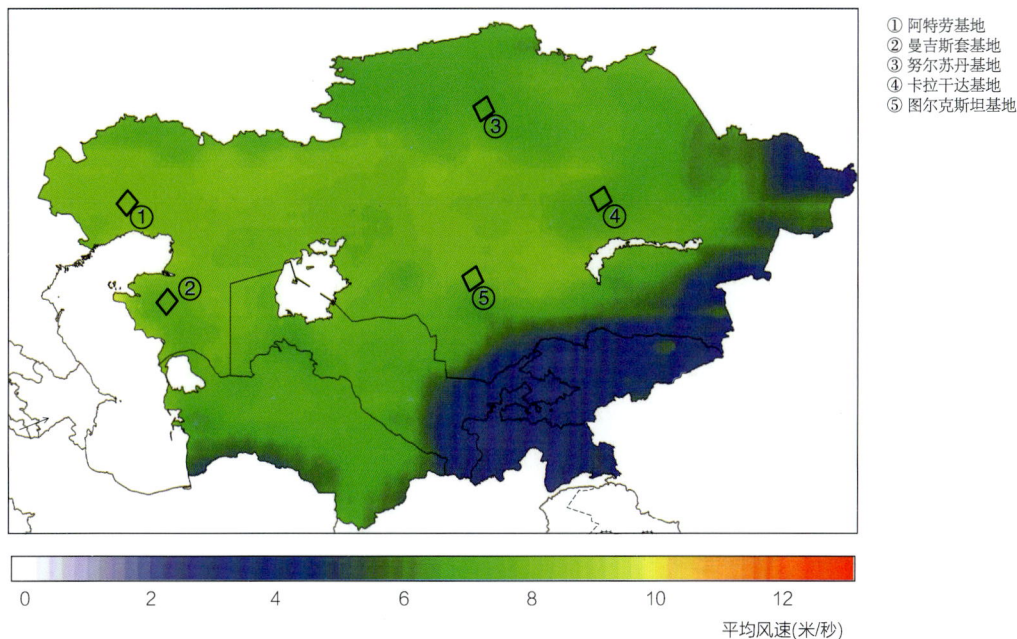

① 阿特劳基地
② 曼吉斯套基地
③ 努尔苏丹基地
④ 卡拉干达基地
⑤ 图尔克斯坦基地

平均风速(米/秒)

图 4-14　中亚风电基地布局示意图

表 4-8　中亚风电基地装机情况

单位：万千瓦

序号	基地选址	所属国家	技术可开发量	2035 年装机容量	2050 年装机容量
1	阿特劳	哈萨克斯坦	2500	800	1900
2	曼吉斯套	哈萨克斯坦	2500	800	1900
3	努尔苏丹	哈萨克斯坦	1500	400	900
4	卡拉干达	哈萨克斯坦	800	300	700
5	图尔克斯坦	哈萨克斯坦	800	300	600
	合计		8100	2600	6000

5　西亚风电基地

西亚风电基地主要分布在阿拉伯半岛东南端、波斯湾西部沿岸、阿曼南部沿海、叙利亚北部和伊朗东部，共建设8个风电基地，总技术可开发量约2.8亿千瓦。西亚风电基地布局示意如图4-15所示，各基地装机情况见表4-9。

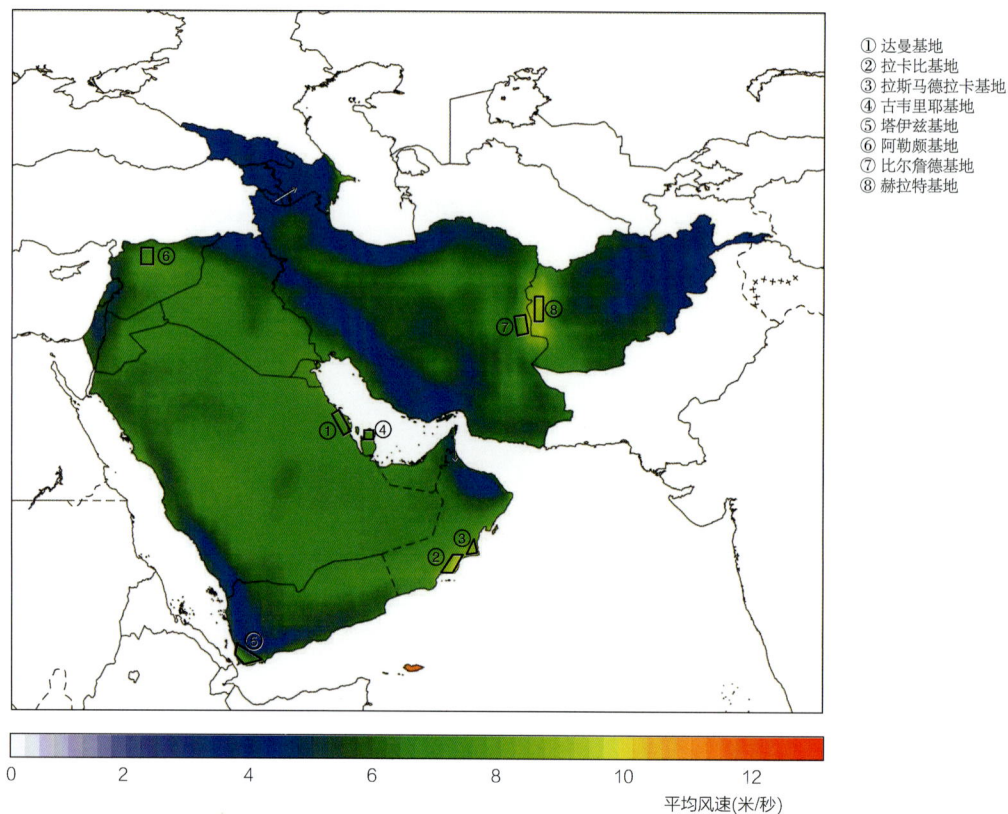

① 达曼基地
② 拉卡比基地
③ 拉斯马德拉卡基地
④ 古韦里耶基地
⑤ 塔伊兹基地
⑥ 阿勒颇基地
⑦ 比尔詹德基地
⑧ 赫拉特基地

平均风速(米/秒)

图 4-15　西亚风电基地布局示意图

表 4-9　西亚风电基地装机情况

单位：万千瓦

序号	基地选址	所属国家	技术可开发量	2035年装机容量	2050年装机容量
1	达曼	沙特	4500	3000	4000
2	拉卡比	阿曼	4500	500	800
3	拉斯马德拉卡	阿曼	2000	200	200
4	古韦里耶	卡塔尔	1500	200	200
5	塔伊兹	也门	4000	500	500
6	阿勒颇	叙利亚	3500	100	100
7	比尔詹德	伊朗	3000	100	100
8	赫拉特	阿富汗	5000	400	400
	合计		28000	5000	6300

4.2.3 太阳能基地

亚洲重点开发东亚中国西部和蒙古、南亚印度和巴基斯坦、中亚及西亚的太阳能基地。

1 东亚太阳能基地

东亚太阳能基地主要分布在中国西北和蒙古南部戈壁地区，共建设 23 个大型太阳能光伏基地，总技术可开发量约 18.9 亿千瓦，以及 10 个大型太阳能光热基地，总技术可开发量约 1.9 亿千瓦。东亚太阳能基地布局示意如图 4-16 所示，各基地装机情况见表 4-10。

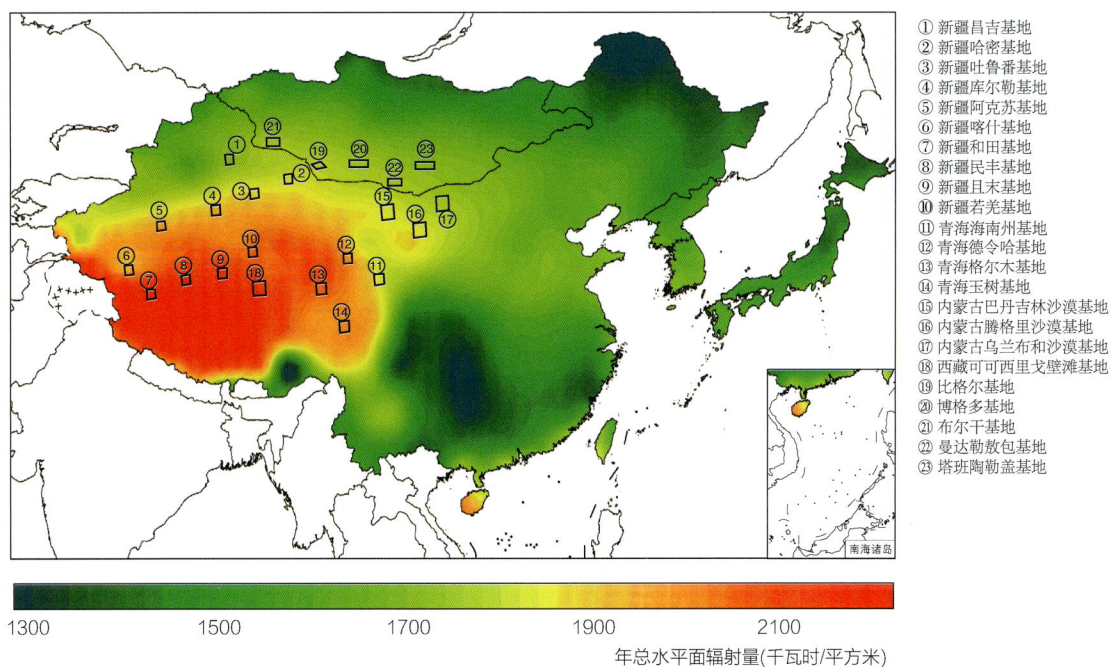

① 新疆昌吉基地
② 新疆哈密基地
③ 新疆吐鲁番基地
④ 新疆库尔勒基地
⑤ 新疆阿克苏基地
⑥ 新疆喀什基地
⑦ 新疆和田基地
⑧ 新疆民丰基地
⑨ 新疆且末基地
⑩ 新疆若羌基地
⑪ 青海海南州基地
⑫ 青海德令哈基地
⑬ 青海格尔木基地
⑭ 青海玉树基地
⑮ 内蒙古巴丹吉林沙漠基地
⑯ 内蒙古腾格里沙漠基地
⑰ 内蒙古乌兰布和沙漠基地
⑱ 西藏可可西里戈壁滩基地
⑲ 比格尔基地
⑳ 博格多基地
㉑ 布尔干基地
㉒ 曼达勒敖包基地
㉓ 塔班陶勒盖基地

年总水平面辐射量(千瓦时/平方米)

图 4-16　东亚太阳能基地布局示意图

表 4-10　东亚太阳能基地装机情况

单位：万千瓦

序号	基地选址	所属国家	技术可开发量		2035 年装机容量		2050 年装机容量	
			光伏	光热	光伏	光热	光伏	光热
1	新疆昌吉	中国	3500	—	1500	—	3000	—
2	新疆哈密	中国	8400	1000	3500	1000	7000	1000
3	新疆吐鲁番	中国	8400	1000	3600	—	7200	1000
4	新疆库尔勒	中国	10000	2000	4000	—	8000	2000
5	新疆阿克苏	中国	7000	—	2100	—	4200	—
6	新疆喀什	中国	12500	2000	5600	—	11200	2000

续表

序号	基地选址	所属国家	技术可开发量		2035 年装机容量		2050 年装机容量	
			光伏	光热	光伏	光热	光伏	光热
7	新疆和田	中国	7000	—	2800	—	5600	—
8	新疆民丰	中国	5600	—	2400	—	4800	—
9	新疆且末	中国	5600	—	2400	—	4800	—
10	新疆若羌	中国	5300	—	2100	—	4200	—
11	青海海南州	中国	4000	1000	1600	—	3200	1000
12	青海德令哈	中国	2000	—	800	—	1600	—
13	青海格尔木	中国	4000	1000	1800	—	3600	1000
14	青海玉树	中国	3000	—	800	—	1600	—
15	内蒙古巴丹吉林沙漠	中国	16000	3000	6000	1000	12 00	3000
16	内蒙古腾格里沙漠	中国	15000	3000	5000	1000	10000	3000
17	内蒙古乌兰布和沙漠	中国	5000	2000	1500	1000	3000	2000
18	西藏可可西里戈壁滩	中国	16000	3000	3500	—	7000	3000
19	比格尔	蒙古	10000	—	—	—	—	—
20	博格多	蒙古	12000	—	—	—	—	—
21	布尔干	蒙古	10000	—	—	—	100	—
22	曼达勒敖包	蒙古	9200	—	250	—	500	—
23	塔班陶勒盖	蒙古	9300	—	400	—	500	—
	合计		188800	19000	51650	4000	103100	19000

2 南亚太阳能基地

南亚太阳能基地主要分布在印度西北部和南部、巴基斯坦西部和南部、孟加拉国东南部，共建设 16 个大型太阳能基地，总技术可开发量约 13.7 亿千瓦。南亚太阳能基地布局示意如图 4-17 所示，各基地装机情况见表 4-11。

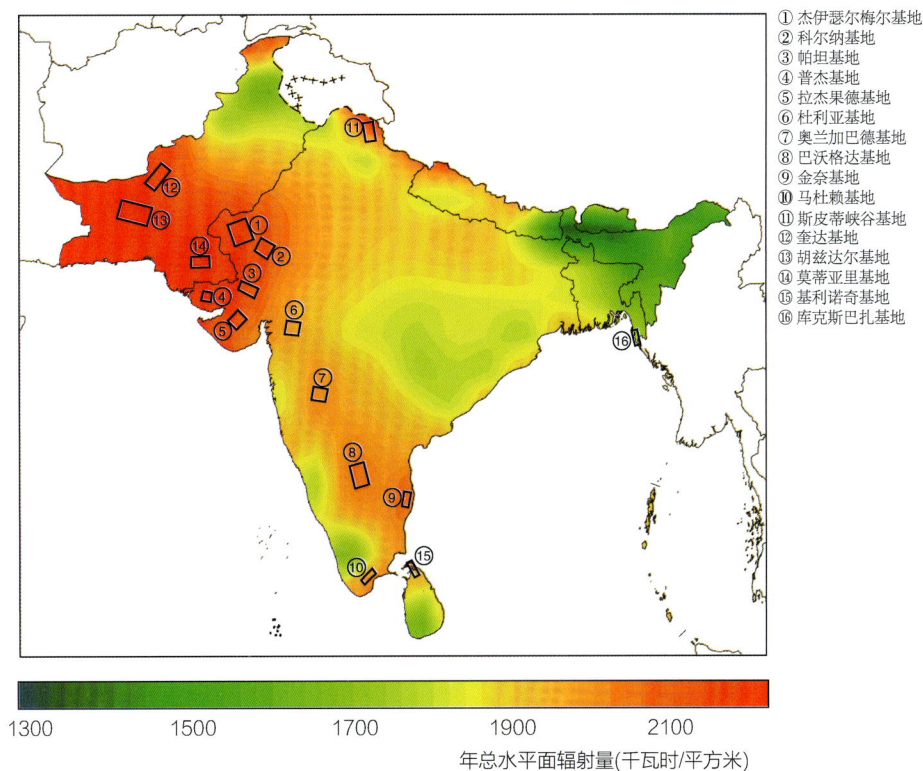

① 杰伊瑟尔梅尔基地
② 科尔纳基地
③ 帕坦基地
④ 普杰基地
⑤ 拉杰果德基地
⑥ 杜利亚基地
⑦ 奥兰加巴德基地
⑧ 巴沃格达基地
⑨ 金奈基地
⑩ 马杜赖基地
⑪ 斯皮蒂峡谷基地
⑫ 奎达基地
⑬ 胡兹达尔基地
⑭ 莫蒂亚里基地
⑮ 基利诺奇基地
⑯ 库克斯巴扎基地

| 1300 | 1500 | 1700 | 1900 | 2100 |

年总水平面辐射量(千瓦时/平方米)

图 4-17　南亚太阳能基地布局示意图

表 4-11　南亚太阳能基地装机情况

单位：万千瓦

序号	基地选址	所属国家	技术可开发量	2035 年装机容量	2050 年装机容量
1	杰伊瑟尔梅尔	印度	11500	4000	10000
2	科尔纳	印度	10000	3600	9000
3	帕坦	印度	9500	3200	8000
4	普杰	印度	8500	3000	7500
5	拉杰果德	印度	10000	2800	7000
6	杜利亚	印度	8000	2400	6000
7	奥兰加巴德	印度	7500	1600	4000
8	巴沃格达	印度	10500	3200	8000
9	金奈	印度	6000	1200	3000
10	马杜赖	印度	8000	2000	5000
11	斯皮蒂峡谷	印度	8500	3200	8000
12	奎达	巴基斯坦	10500	2800	7000
13	胡兹达尔	巴基斯坦	12500	3600	9000
14	莫蒂亚里	巴基斯坦	8000	1600	4000
15	基利诺奇	斯里兰卡	3000	760	1900
16	库克斯巴扎	孟加拉国	5000	1600	4000
	合计		137000	40560	101400

3 中亚太阳能基地

中亚太阳能基地分布在哈萨克斯坦西南部、乌兹别克斯坦和土库曼斯坦的荒漠地带，共建设7个大型光伏基地，总技术可开发量约2亿千瓦，以及4个太阳能光热基地，总技术可开发量约4000万千瓦。中亚太阳能基地布局示意如图4-18所示，各基地装机情况见表4-12。

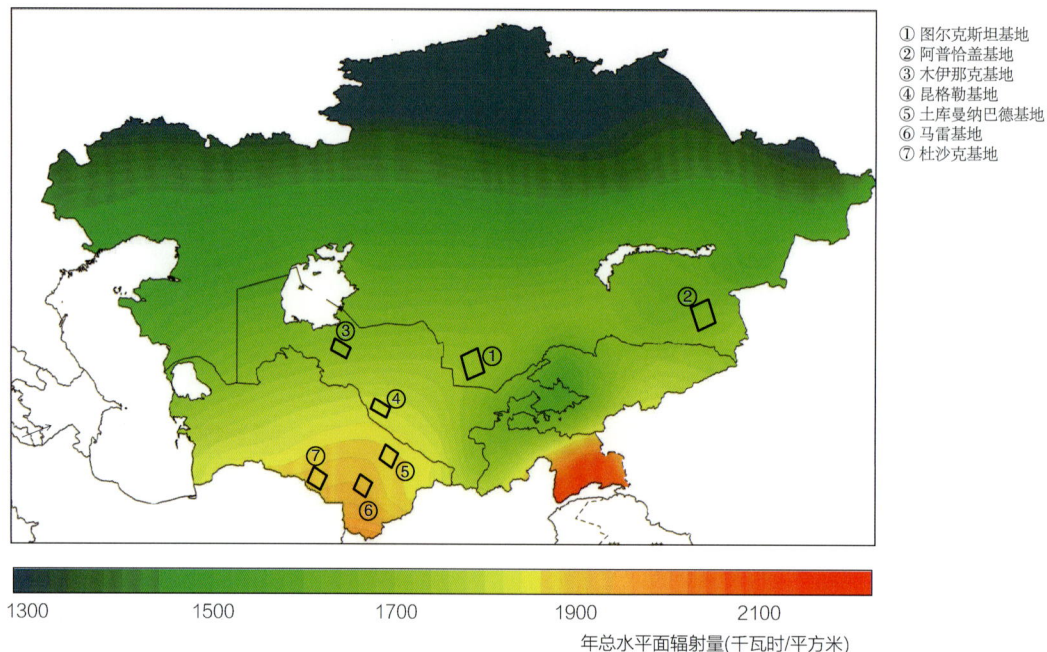

① 图尔克斯坦基地
② 阿普恰盖基地
③ 木伊那克基地
④ 昆格勒基地
⑤ 土库曼纳巴德基地
⑥ 马雷基地
⑦ 杜沙克基地

年总水平面辐射量(千瓦时/平方米)

图4-18 中亚太阳能基地布局示意图

表4-12 中亚太阳能基地装机情况

单位：万千瓦

序号	基地选址	所属国家	技术可开发量		2035年装机容量		2050年装机容量	
			光伏	光热	光伏	光热	光伏	光热
1	图尔克斯坦	哈萨克斯坦	5000	1000	960	800	3000	800
2	阿普恰盖	哈萨克斯坦	5000	1000	960	700	3000	800
3	木伊那克	乌兹别克斯坦	1000	—	200	—	600	—
4	昆格勒	乌兹别克斯坦	3000	1000	750	800	2400	800
5	土库曼纳巴德	土库曼斯坦	2000	—	160	—	500	—
6	马雷	土库曼斯坦	2000	—	160	—	500	—
7	杜沙克	土库曼斯坦	2000	1000	320	—	1000	400
	合计		20000	4000	3510	2300	11000	2800

4 西亚太阳能基地

西亚太阳能基地主要分布在沙特阿拉伯、阿曼、阿联酋、伊拉克、叙利亚、伊朗和阿富汗等，共建设 15 个大型太阳能基地，总技术可开发量约 15.3 亿千瓦。西亚太阳能基地布局示意如图 4-19 所示，各基地装机情况见表 4-13。

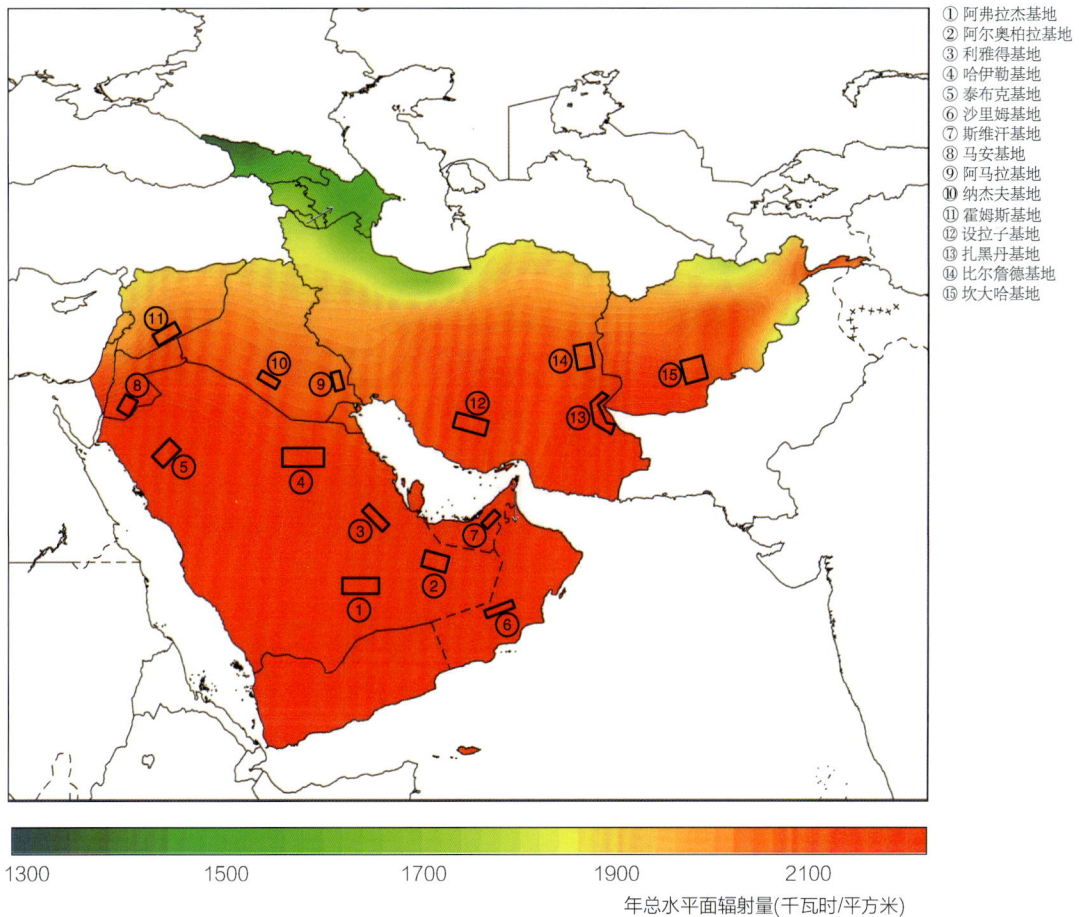

① 阿弗拉杰基地
② 阿尔奥柏拉基地
③ 利雅得基地
④ 哈伊勒基地
⑤ 泰布克基地
⑥ 沙里姆基地
⑦ 斯维汗基地
⑧ 马安基地
⑨ 阿马拉基地
⑩ 纳杰夫基地
⑪ 霍姆斯基地
⑫ 设拉子基地
⑬ 扎黑丹基地
⑭ 比尔詹德基地
⑮ 坎大哈基地

年总水平面辐射量(千瓦时/平方米)

图 4-19 西亚太阳能基地布局示意图

表 4-13 西亚太阳能基地装机情况

单位：万千瓦

序号	基地选址	所属国家	技术可开发量		2035 年装机容量		2050 年装机容量	
			光伏	光热	光伏	光热	光伏	光热
1	阿弗拉杰	沙特阿拉伯	5000	6500	1500	2500	3000	5000
2	阿尔奥柏拉	沙特阿拉伯	4500	6000	1000	2500	2000	5000
3	利雅得	沙特阿拉伯	5000	2500	1500	1000	3000	2000
4	哈伊勒	沙特阿拉伯	6000	7000	2000	3000	4000	6000

续表

序号	基地选址	所属国家	技术可开发量		2035 年装机容量		2050 年装机容量	
			光伏	光热	光伏	光热	光伏	光热
5	泰布克	沙特阿拉伯	5000	6000	1000	2750	2000	5500
6	沙里姆	阿曼	8000	3500	2750	1250	5500	2500
7	斯维汗	阿联酋	7500	3500	3250	1750	6500	3500
8	马安	约旦	7000	3000	1250	600	2500	1200
9	阿马拉	伊拉克	4500	4000	2000	1750	4000	3500
10	纳杰夫	伊拉克	4000	3500	1750	1500	3500	3000
11	霍姆斯	叙利亚	6000	5000	1500	1100	3000	2200
12	设拉子	伊朗	8000	4000	2500	1250	5000	2500
13	扎黑丹	伊朗	7500	3000	2250	750	4500	1500
14	比尔詹德	伊朗	7500	2500	2250	500	4500	1000
15	坎大哈	阿富汗	6000	1000	400	—	800	200
	合计		91500	61000	26900	22200	53800	44600

5

电网互联

根据亚洲清洁能源资源禀赋和空间分布，参考各国能源电力发展规划，统筹清洁能源与电网发展，加快各国和区域电网升级；依托特高压交直流等先进输电技术，充分发挥各区域优势，推进电网互联和跨国能源通道建设，形成覆盖清洁能源基地和负荷中心的坚强网架，全面提升电网的资源配置能力，支撑清洁能源大规模、远距离输送及大范围消纳和互补互济，保障电力可靠供应，满足亚洲各个国家和地区经济社会可持续发展的电力需求，带动能源向清洁、绿色、低碳转型，保障经济社会可持续发展。

5.1 电力流

统筹考虑电源发展、电力需求分布和清洁能源开发布局，亚洲 5 个区域的定位如下：

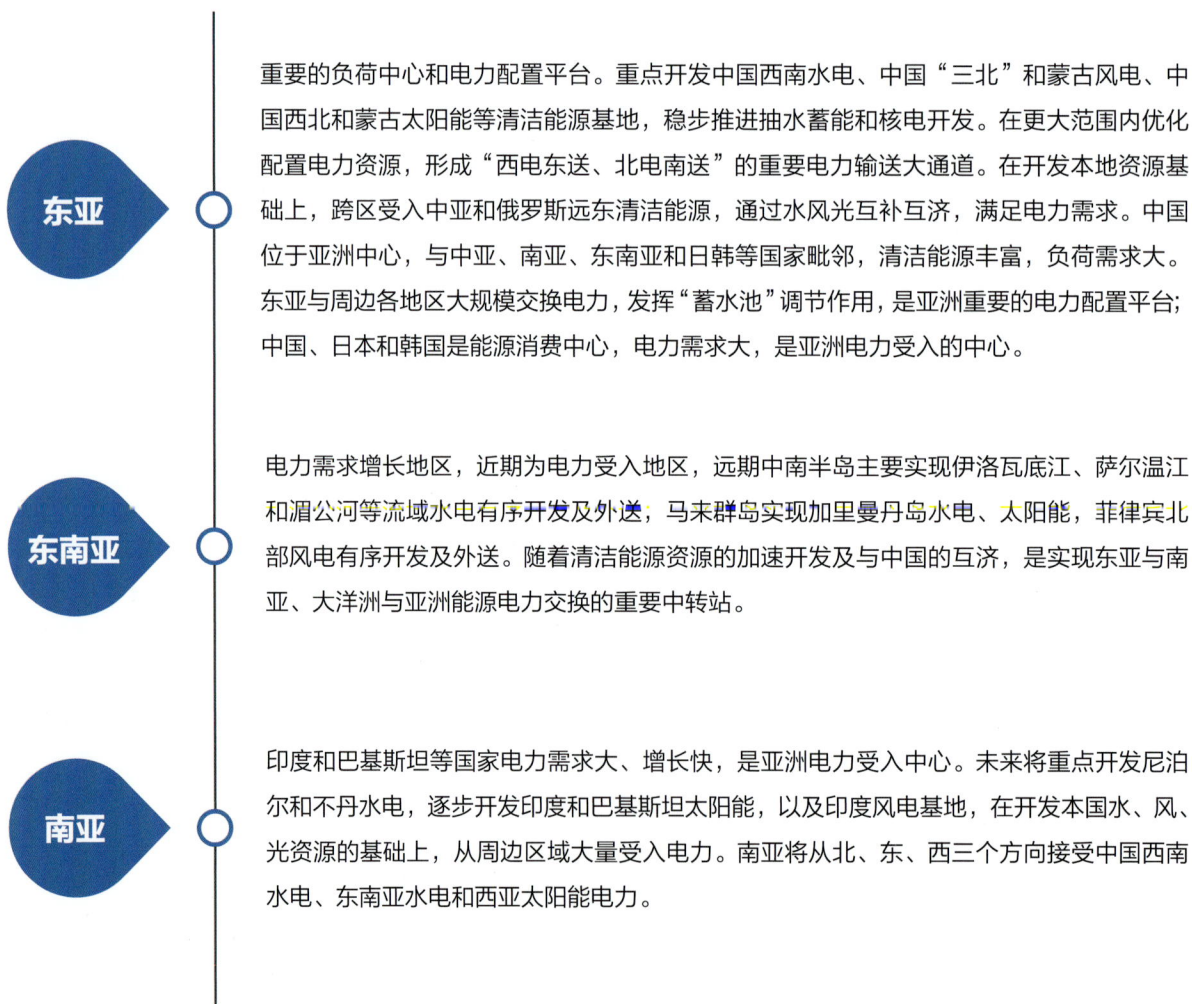

东亚

重要的负荷中心和电力配置平台。重点开发中国西南水电、中国"三北"和蒙古风电、中国西北和蒙古太阳能等清洁能源基地，稳步推进抽水蓄能和核电开发。在更大范围内优化配置电力资源，形成"西电东送、北电南送"的重要电力输送大通道。在开发本地资源基础上，跨区受入中亚和俄罗斯远东清洁能源，通过水风光互补互济，满足电力需求。中国位于亚洲中心，与中亚、南亚、东南亚和日韩等国家毗邻，清洁能源丰富，负荷需求大。东亚与周边各地区大规模交换电力，发挥"蓄水池"调节作用，是亚洲重要的电力配置平台；中国、日本和韩国是能源消费中心，电力需求大，是亚洲电力受入的中心。

东南亚

电力需求增长地区，近期为电力受入地区，远期中南半岛主要实现伊洛瓦底江、萨尔温江和湄公河等流域水电有序开发及外送，马来群岛实现加里曼丹岛水电、太阳能，菲律宾北部风电有序开发及外送。随着清洁能源资源的加速开发及与中国的互济，是实现东亚与南亚、大洋洲与亚洲能源电力交换的重要中转站。

南亚

印度和巴基斯坦等国家电力需求大、增长快，是亚洲电力受入中心。未来将重点开发尼泊尔和不丹水电，逐步开发印度和巴基斯坦太阳能，以及印度风电基地，在开发本国水、风、光资源的基础上，从周边区域大量受入电力。南亚将从北、东、西三个方向接受中国西南水电、东南亚水电和西亚太阳能电力。

中亚 亚洲重要清洁能源基地。合理开发哈萨克斯坦东部和北部风电,哈萨克斯坦南部、土库曼斯坦和乌兹别克斯坦太阳能,重点开发塔吉克斯坦和吉尔吉斯斯坦水电,向西跨洲送电欧洲、向东送电东亚。

西亚 亚洲重要清洁能源基地,主要建设沙特阿拉伯东南、东北和北部、伊朗东部和南部、阿联酋、阿曼、也门等太阳能基地,并发展波斯湾、红海沿线风电。在满足本区域负荷中心用电需求的基础上,发挥区域优势,跨洲外送欧洲,与非洲形成电力互济。

亚洲各区域发展定位示意如图 5-1 所示。

图 5-1 亚洲各区域发展定位示意图

亚洲洲内总体呈现"西电东送、北电南送"格局，跨洲向欧洲送电、与非洲互济和从大洋洲受电。

2035 年，亚洲能源互联网跨洲跨区电力流规模 9430 万千瓦，其中跨洲电力流 2300 万千瓦，跨区电力流 7130 万千瓦。

跨洲：西亚太阳能外送欧洲 800 万千瓦、北非 300 万千瓦，同时从东非受入水电 400 万千瓦，实现水光互补高效利用；中亚电力外送欧洲 800 万千瓦。

跨区：西亚太阳能外送南亚 1600 万千瓦；中亚分别与东亚、南亚形成 1100 万千瓦和 130 万千瓦电力交换规模；东亚与东南亚和南亚间电力流分别为 800 万千瓦和 900 万千瓦；俄罗斯远东水电和风电外送东亚 2600 万千瓦。

2035 年亚洲能源互联网跨洲跨区电力流示意如图 5-2 所示。

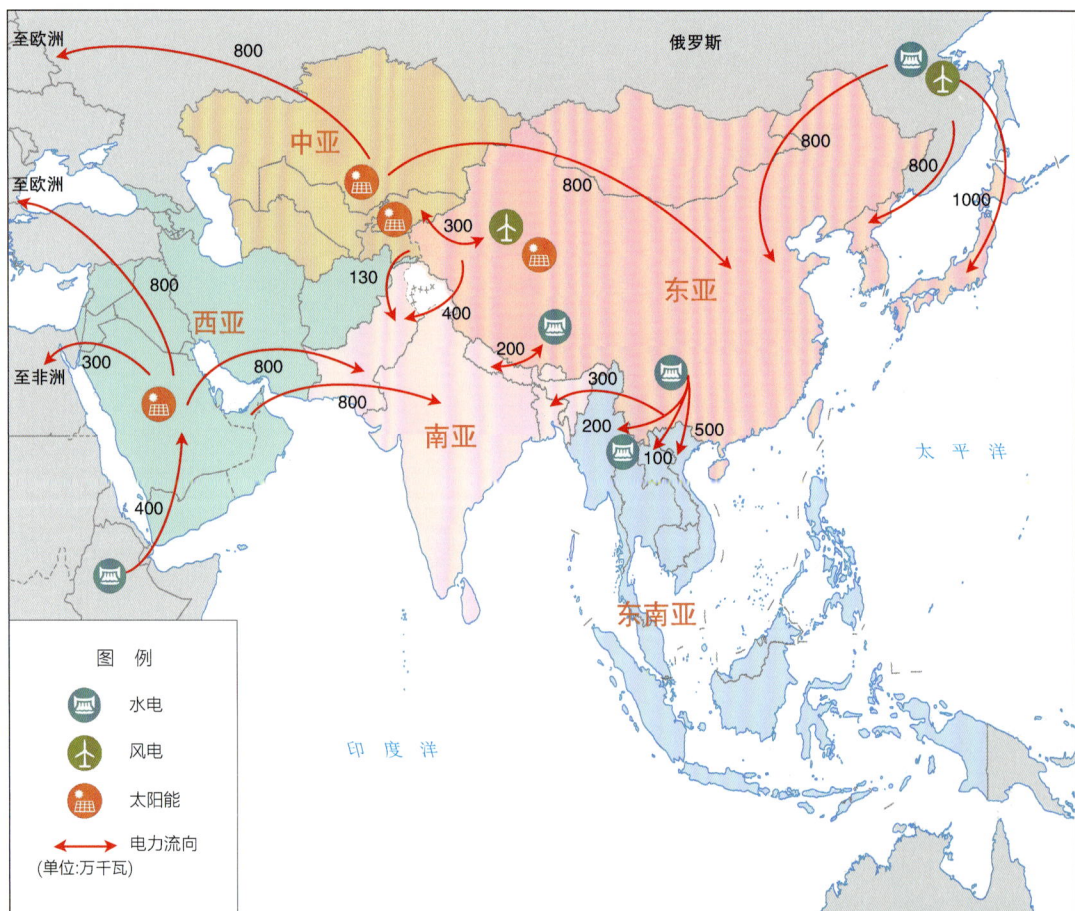

图 5-2　2035 年亚洲能源互联网跨洲跨区电力流示意图

2050 年，亚洲能源互联网跨洲跨区电力流规模 2 亿千瓦，其中跨洲电力流 5100 万千瓦，跨区电力流 1.5 亿千瓦。

跨洲： 西亚外送欧洲和北非电力分别增至 1600 万千瓦和 700 万千瓦，受入东非电力 400 万千瓦；中亚外送欧洲电力增至 1600 万千瓦；东南亚受入大洋洲电力 800 万千瓦。

跨区： 西亚外送南亚电力增至 2800 万千瓦；东亚与南亚、东南亚间电力流分别增至 3300 万千瓦和 2300 万千瓦；南亚与东南亚间电力交换规模增至 800 万千瓦；俄罗斯远东外送东亚电力增至 4200 万千瓦。

2050 年亚洲能源互联网跨洲跨区电力流示意如图 5-3 所示。

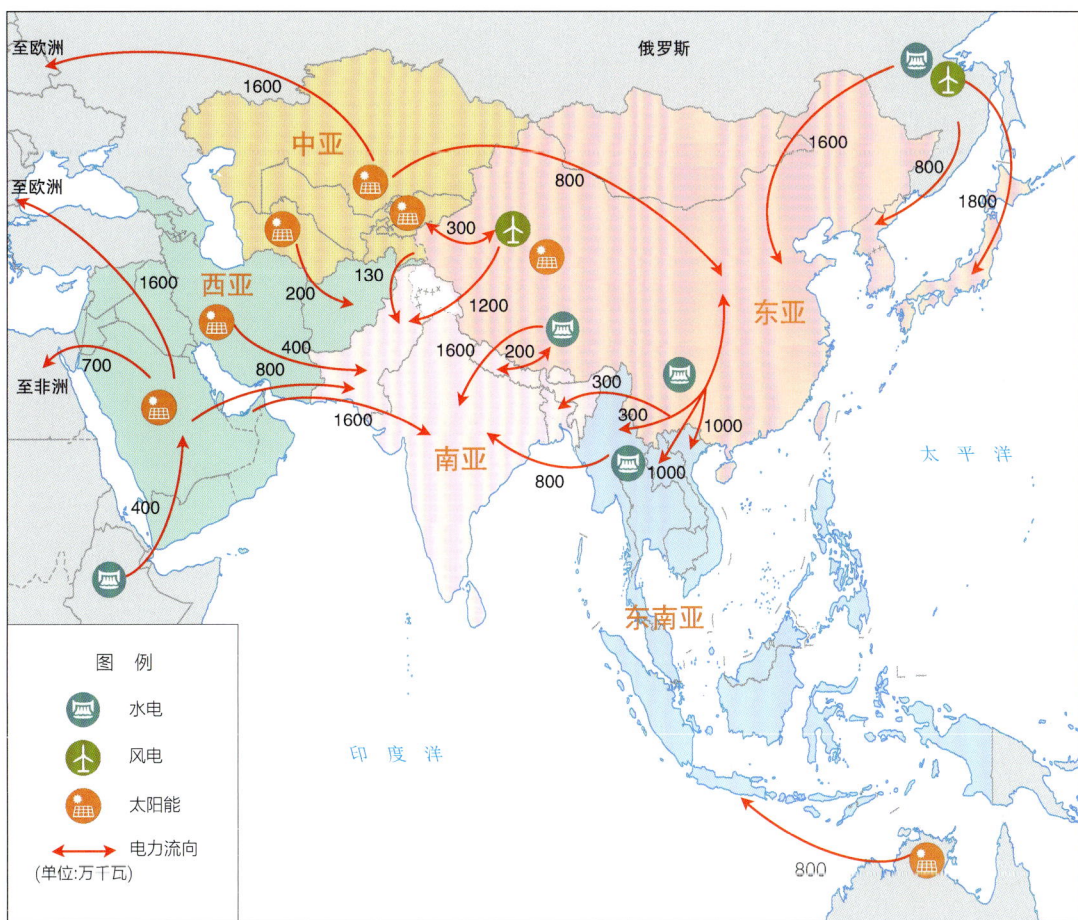

图 5-3　2050 年亚洲能源互联网跨洲跨区电力流示意图

1 东亚电力流

东亚是亚洲重要负荷中心和电力配置平台，电力流总体呈现"西电东送、北电南送"格局。 东亚清洁能源资源主要分布在蒙古、中国西北和西南地区，地广人稀，开发条件优，宜于建设大型清洁能源基地。中国、日本和韩国是亚洲主要负荷中心，从俄罗斯远东、蒙古和中亚受入电力，提高电力供应多样性。

2035 年

跨区：电力流 5400 万千瓦，其中分别受入哈萨克斯坦和俄罗斯远东电力 800 万千瓦和 2600 万千瓦；分别送电巴基斯坦和孟加拉国 400 万千瓦和 300 万千瓦，与吉尔吉斯斯坦和尼泊尔分别互济 300 万千瓦和 200 万千瓦，送电东南亚 800 万千瓦。

区内跨国：电力流 3375 万千瓦，其中蒙古送电中国 1200 万千瓦，中国分别送电朝鲜、韩国和日本 125 万、1450 万千瓦和 600 万千瓦。

2035 年东亚电力流示意如图 5-4 所示。

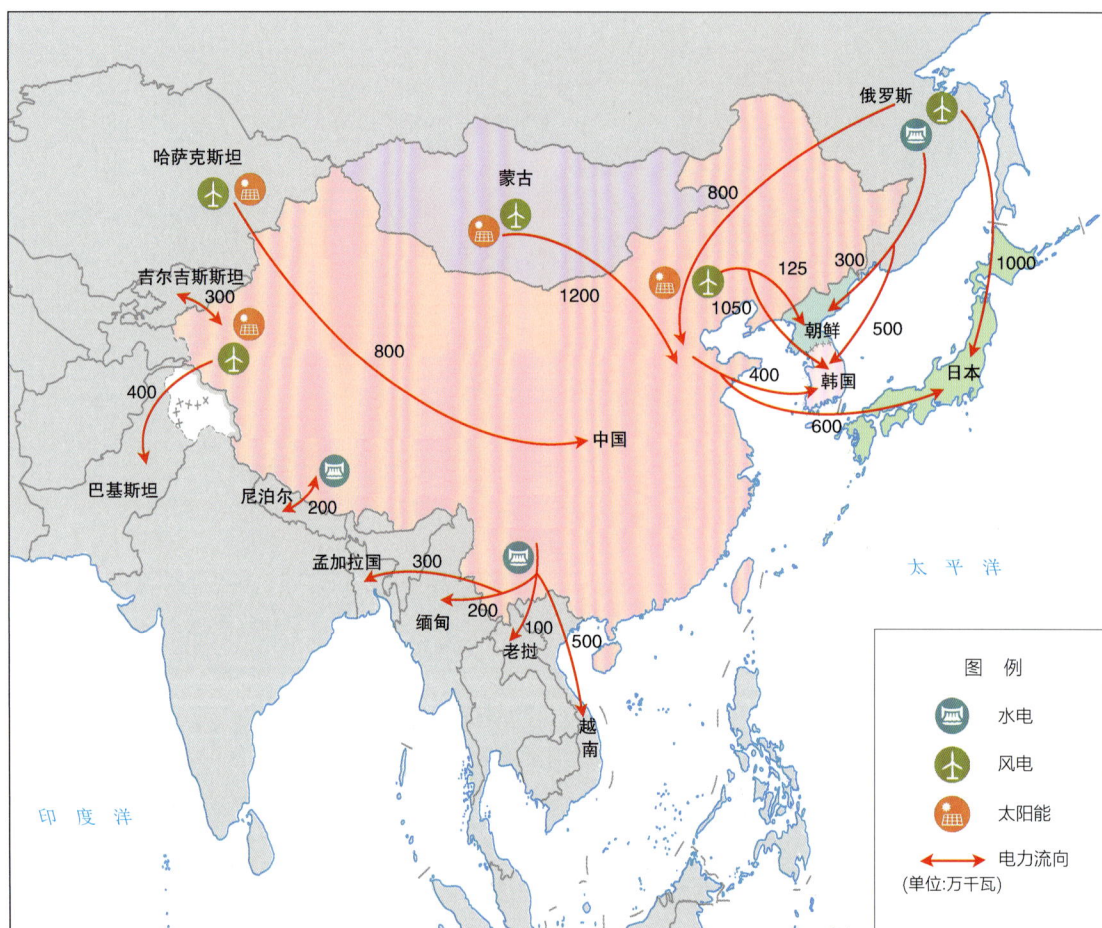

图 5-4　2035 年东亚电力流示意图

2050 年

跨区：电力流约 1.1 亿千瓦，其中分别受入哈萨克斯坦和俄罗斯远东电力 800 万千瓦和 4200 万千瓦，分别送电巴基斯坦、印度和孟加拉国 1200 万、1600 万千瓦和 300 万千瓦，与吉尔吉斯斯坦、尼泊尔和东南亚分别互济 300 万、200 万千瓦和 2300 万千瓦。

区内跨国：电力流 6575 万千瓦，其中蒙古送电中国 2000 万千瓦，中国分别送电朝鲜、韩国和日本 525 万、1850 万千瓦和 2200 万千瓦。

2050 年东亚电力流示意如图 5-5 所示。

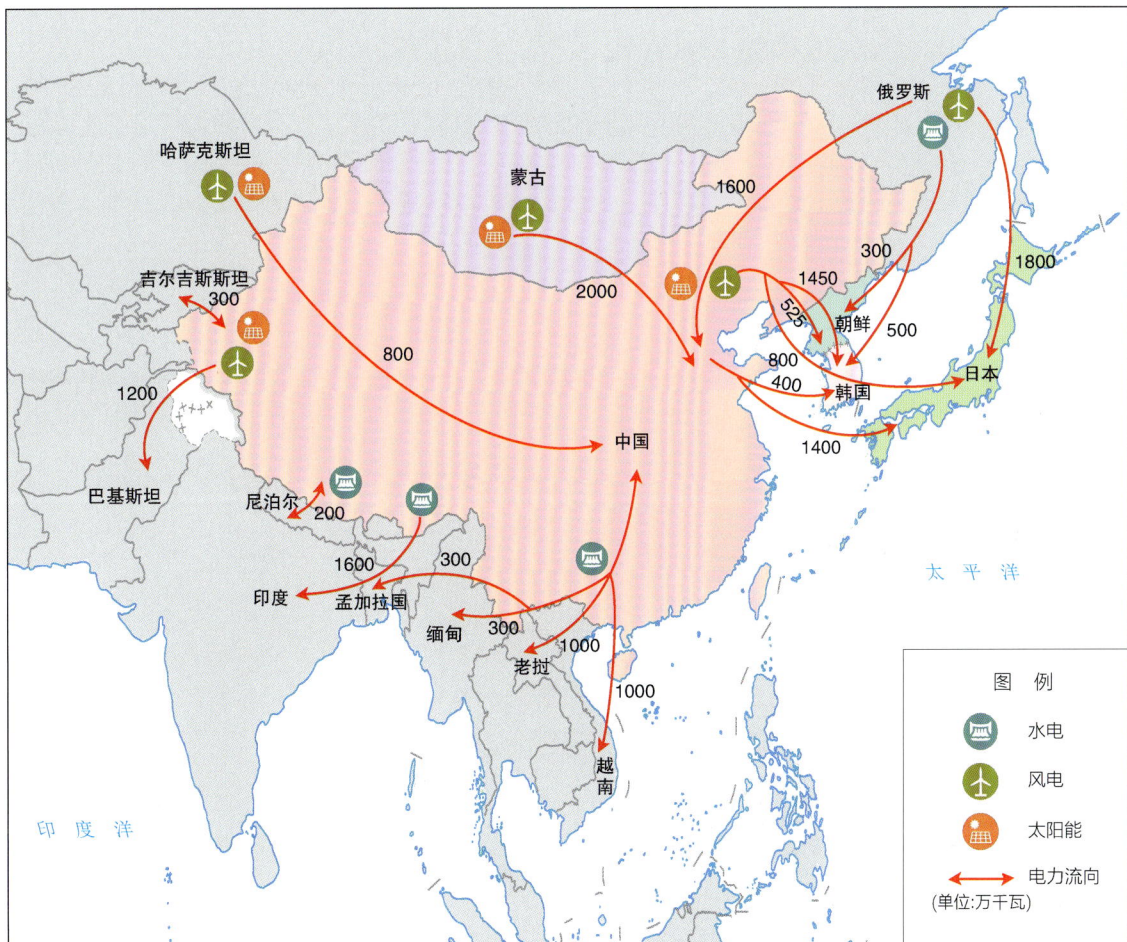

图 5-5　2050 年东亚电力流示意图

2　东南亚电力流

东南亚是亚洲重要的区域电力交换枢纽，中南半岛电力流呈现"北电南送"、马来群岛呈现"中心外送周边"格局。泰国、柬埔寨、新加坡和菲律宾是东南亚重要的电力受入地区，接受中南半岛北部水电，形成"北电南送"格局。中南半岛与中国电力互济，丰水期水电送中国，枯水期接受中国清洁电力。加里曼丹岛能源资源丰富，处于马来群岛中心，宜与周边岛屿形成优势互补，加大向周边的电力外送。

2035 年

跨区：电力流 800 万千瓦，其中缅甸、老挝和越南分别受入中国电力 200 万、100 万千瓦和 500 万千瓦。

区内跨国：电力流 2250 万千瓦，其中老挝分别送泰国和越南电力 600 万千瓦和 350 万千瓦；印度尼西亚加里曼丹岛送马来西亚沙巴电力 200 万千瓦；马来西亚沙巴送菲律宾电力 300 万千瓦，马来西亚西部送新加坡电力 200 万千瓦等。

2035 年东南亚电力流示意如图 5-6 所示。

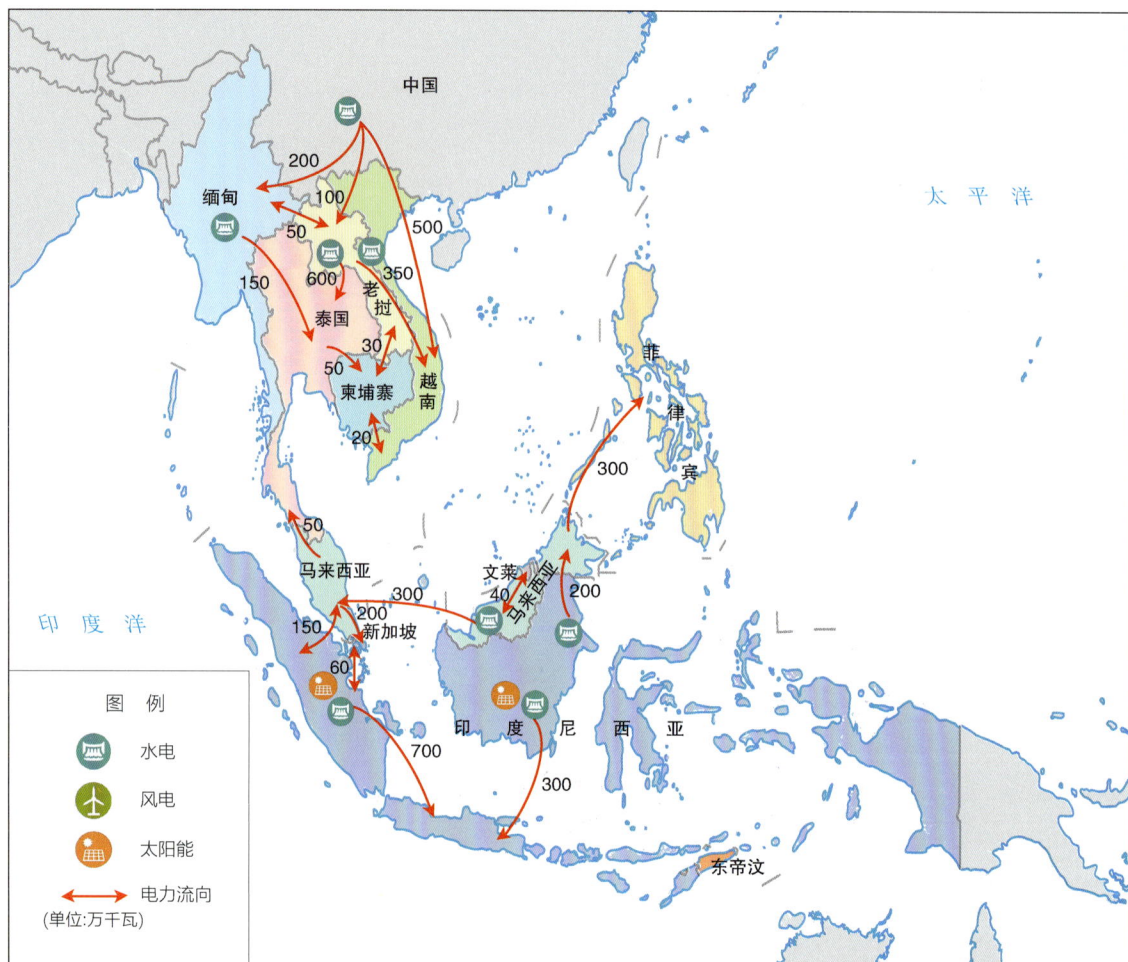

图 5-6　2035 年东南亚电力流示意图

2050 年

跨洲跨区：电力流 3900 万千瓦，其中缅甸、老挝和越南分别受入中国电力 300 万、1000 万千瓦和 1000 万千瓦，缅甸送印度电力 800 万千瓦，印度尼西亚受入澳大利亚电力 800 万千瓦。

区内跨国：电力流 8010 万千瓦，其中缅甸送泰国电力 1400 万千瓦等；老挝送泰国、越南和柬埔寨电力分别为 1600 万、1100 万千瓦和 300 万千瓦；泰国分别送马来西亚西部和柬埔寨电力 300 万千瓦和 700 万千瓦，柬埔寨转送越南电力 600 万千瓦；印度尼西亚加里曼丹岛送马来西亚沙巴、新加坡和菲律宾电力均为 300 万千瓦；马来西亚沙巴送菲律宾电力 300 万千瓦，马来西亚西部送新加坡电力 300 万千瓦等。

2050 年东南亚电力流示意如图 5-7 所示。

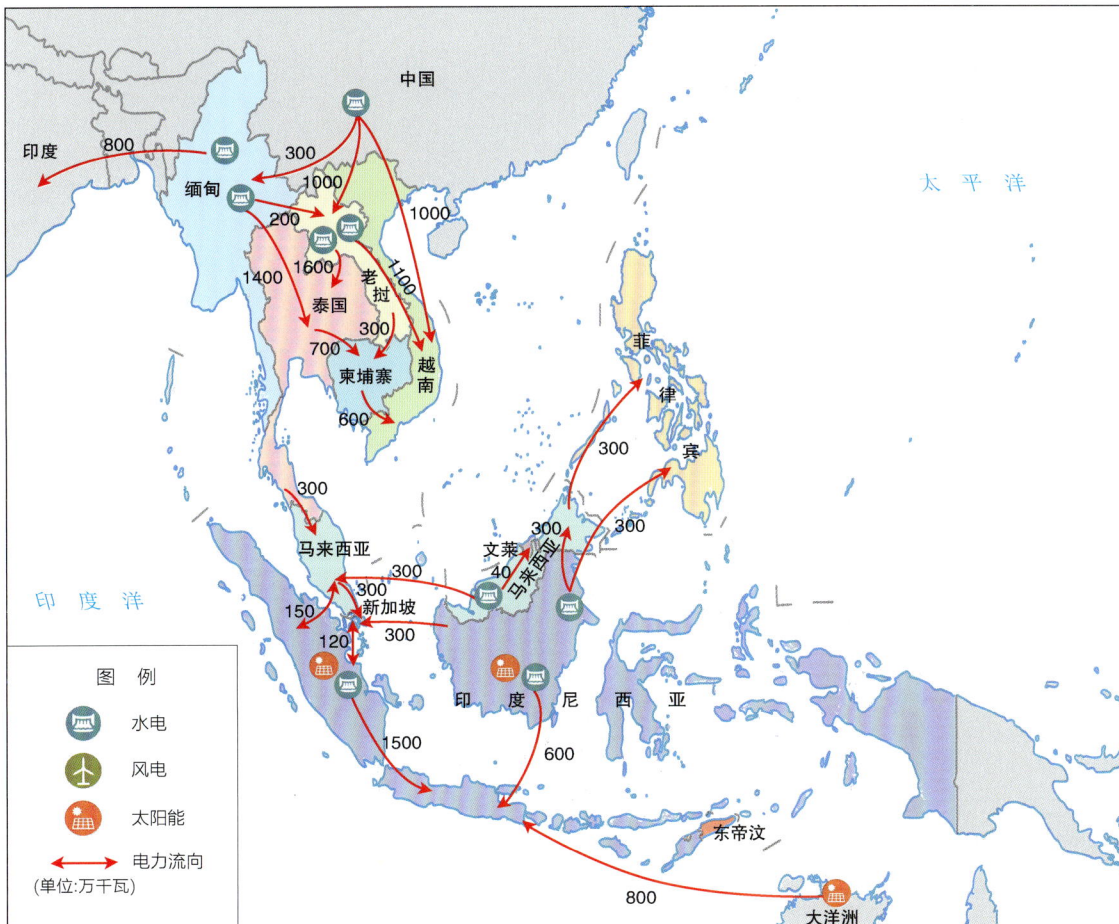

图 5-7 2050 年东南亚电力流示意图

3 南亚电力流

南亚作为亚洲负荷"南中心"，总体的电力流呈现"周边送电中心"的格局。南亚清洁能源主要包括尼泊尔和不丹的水电，巴基斯坦西部和印度西北部的太阳能。南亚内部以北部水电基地为中心实现"北电南送"。跨区主要受入西亚太阳能、中国西北太阳能和风电。

2035 年

跨区：电力流 2630 万千瓦，其中印度和巴基斯坦分别受入阿联酋和沙特阿拉伯电力 800 万千瓦电力，尼泊尔与中国互济 200 万千瓦，巴基斯坦从中亚和中国分别受电 130 万千瓦和 400 万千瓦，孟加拉国从中国受电 300 万千瓦等。

区内跨国：电力流 1400 万千瓦，其中尼泊尔和不丹水电外送规模分别达到 800 万千瓦和 600 万千瓦。

2035 年南亚电力流示意如图 5-8 所示。

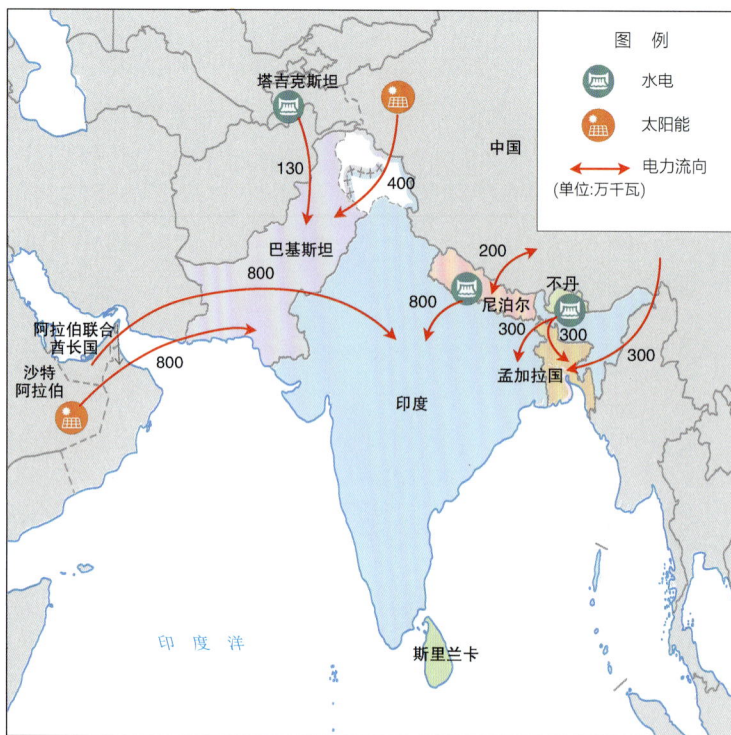

图 5-8　2035 年南亚电力流示意图

2050 年

跨区： 电力流 7030 万千瓦，其中从西亚受入电力 2800 万千瓦，巴基斯坦和印度分别从中国受入电力 1200 万千瓦和 1600 万千瓦，印度和孟加拉国分别受入缅甸 800 万千瓦和中国 300 万千瓦电力等。

区内跨国： 电力流 3650 万千瓦，其中尼泊尔和不丹水电外送规模分别提升至 1500 万千瓦和 2000 万千瓦，印度送斯里兰卡电力 150 万千瓦。

2050 年南亚电力流示意如图 5-9 所示。

4　中亚电力流

中亚作为亚洲主要的清洁能源送出区域，电力流总体呈现"东西双向外送电"格局。 哈萨克斯坦和土库曼斯坦风电和太阳能具备大规模开发潜力。与区内周边国家形成哈萨克斯坦"北电南送"，土库曼斯坦"西电东送"的格局。跨洲跨区以哈萨克斯坦北部风电和太阳能为中心，外送欧洲和中国。

2035 年

跨洲跨区： 电力流 2030 万千瓦，其中哈萨克斯坦外送电力 1600 万，吉尔吉斯斯坦与中国互济 300 万千瓦，塔吉克斯坦送电巴基斯坦 130 万千瓦。

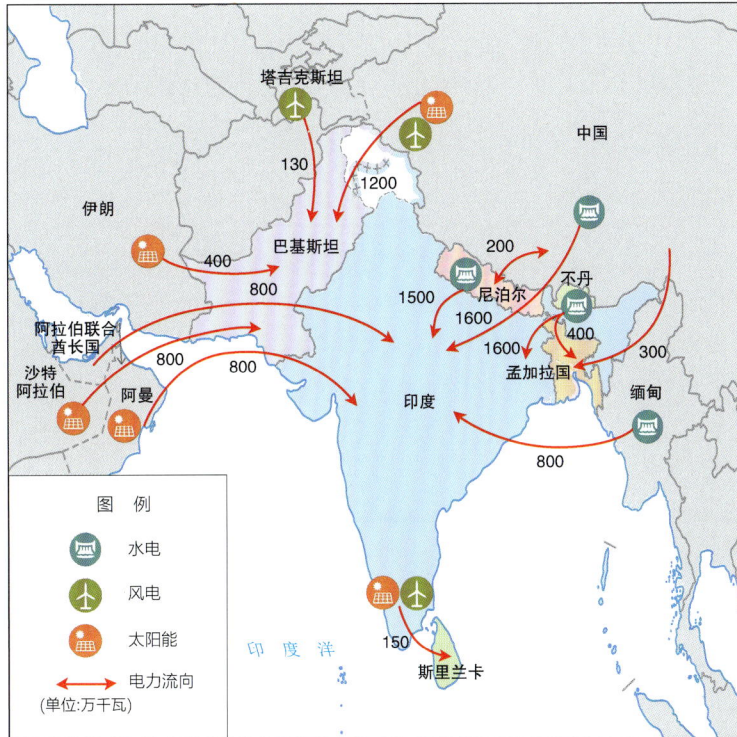

图 5-9　2050 年南亚电力流示意图

区内跨国：电力流 900 万千瓦，其中哈萨克斯坦和土库曼斯坦外送电力 400 万千瓦和 500 万千瓦。

2035 年中亚电力流示意如图 5-10 所示。

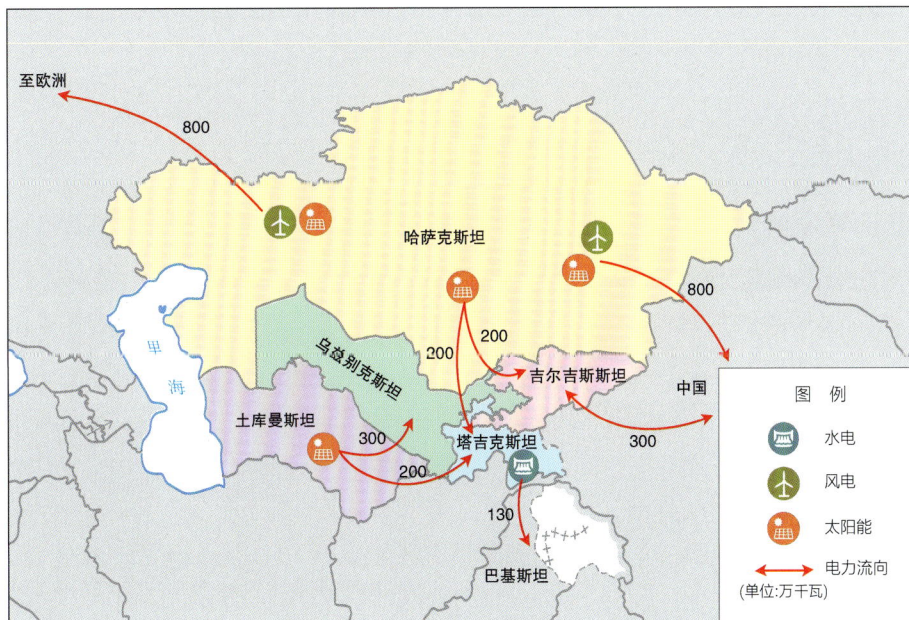

图 5-10　2035 年中亚电力流示意图

2050 年

跨洲跨区：电力流 3030 万千瓦，其中哈萨克斯坦外送电力 2400 万千瓦，塔吉克斯坦和土库曼斯坦分别外送巴基斯坦和阿富汗电力 130 万千瓦和 200 万千瓦，吉尔吉斯斯坦与中国互济 300 万千瓦。

区内跨国：电力流 2100 万千瓦，其中哈萨克斯坦和土库曼斯坦分别外送电力 900 万千瓦和 1200 万千瓦。

2050 年中亚电力流示意如图 5-11 所示。

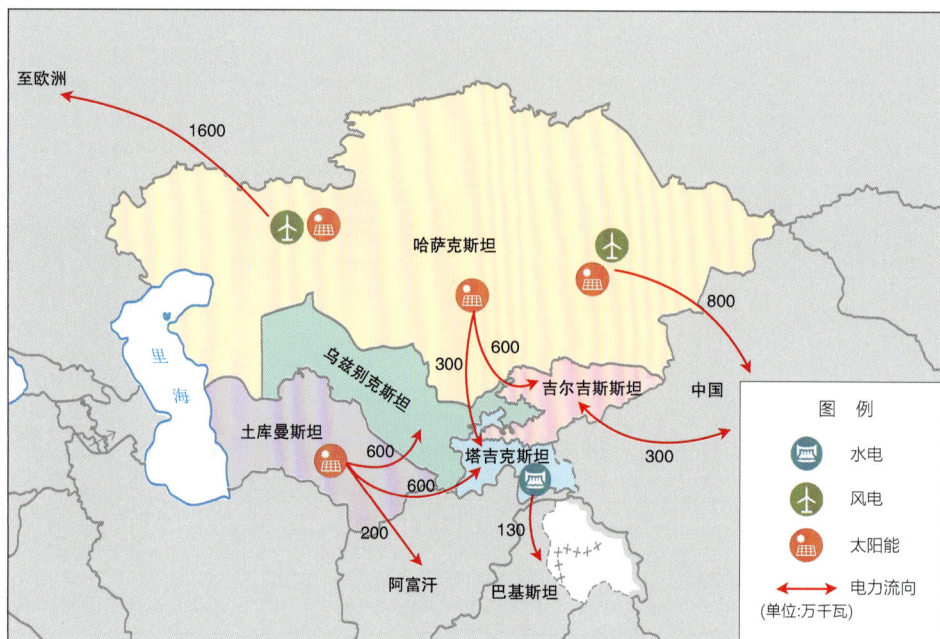

图 5-11　2050 年中亚电力流示意图

5 西亚电力流

西亚是亚洲重要的清洁能源基地，总体电力流呈现"双中心向四周外送"的格局。西亚各国借助区位优势和资源优势，向南亚和欧洲送电，形成"双辐射"格局。

2035 年

跨洲跨区：电力流 3100 万千瓦，其中沙特阿拉伯分别外送巴基斯坦、土耳其和埃及电力 800 万、800 万千瓦和 300 万千瓦，同时从埃塞俄比亚受入水电 400 万千瓦，实现水光互补高效利用；阿联酋外送印度电力 800 万千瓦。

区内跨国：电力流 3275 万千瓦，其中沙特阿拉伯外送邻国电力 1200 万千瓦，从伊拉克和也门分别受入电力 200 万千瓦；伊朗太阳能外送规模 275 万千瓦；伊拉克外送科威特电力 600 万千瓦。

2035 年西亚电力流示意如图 5-12 所示。

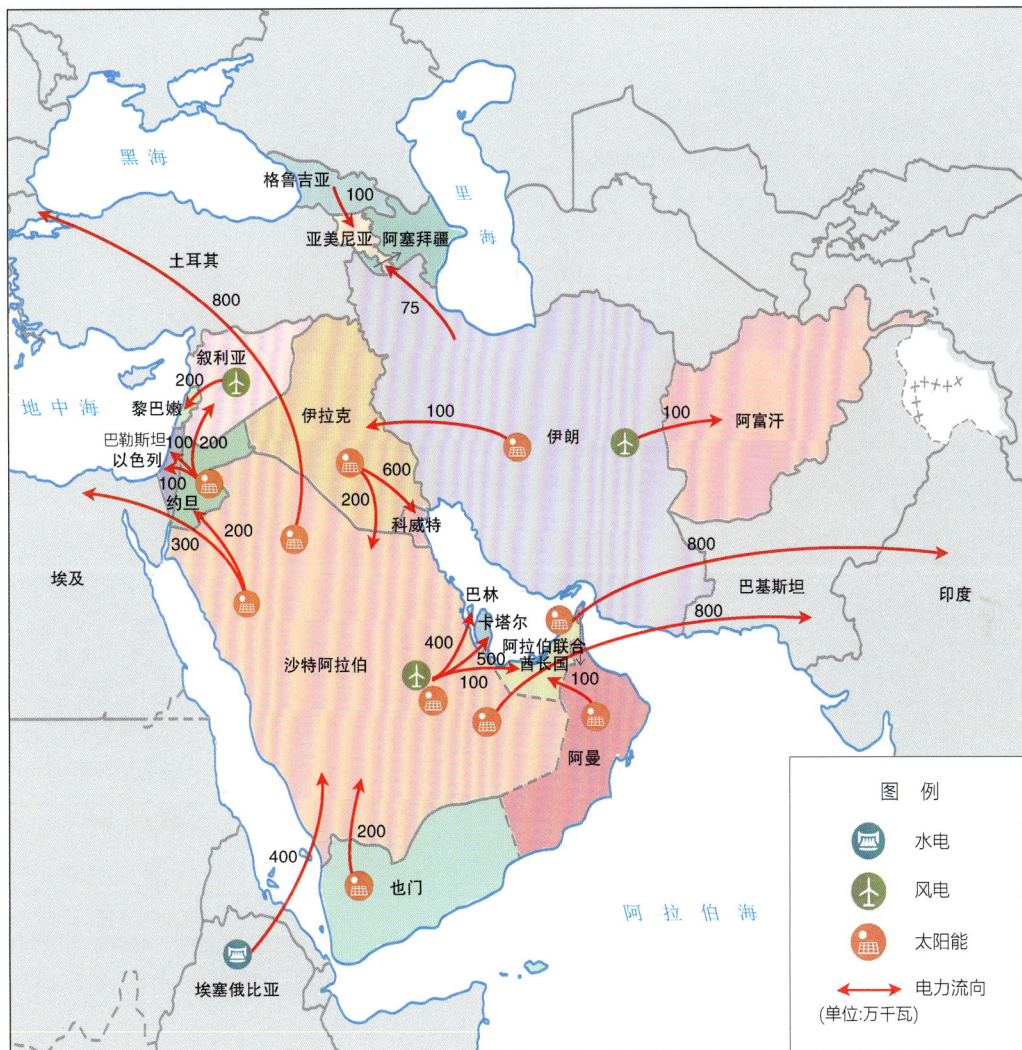

图 5-12 2035 年西亚电力流示意图

2050 年

跨洲跨区： 电力流 5700 万千瓦，主要向南亚送电 2800 万千瓦，其中印度和巴基斯坦分别受入电力 1600 万千瓦和 1200 万千瓦；向土耳其、保加利亚和埃及分别送电 1200 万、400 万千瓦和 700 万千瓦；从埃塞俄比亚和中亚分别受电 400 万千瓦和 200 万千瓦。

区内跨国： 电力流 5050 万千瓦，以沙特阿拉伯和伊朗的太阳能外送为主，规模分别达到 2600 万千瓦和 1100 万千瓦；约旦送电以色列 300 万千瓦，格鲁吉亚外送电力 250 万千瓦等。

2050 年西亚电力流示意如图 5-13 所示。

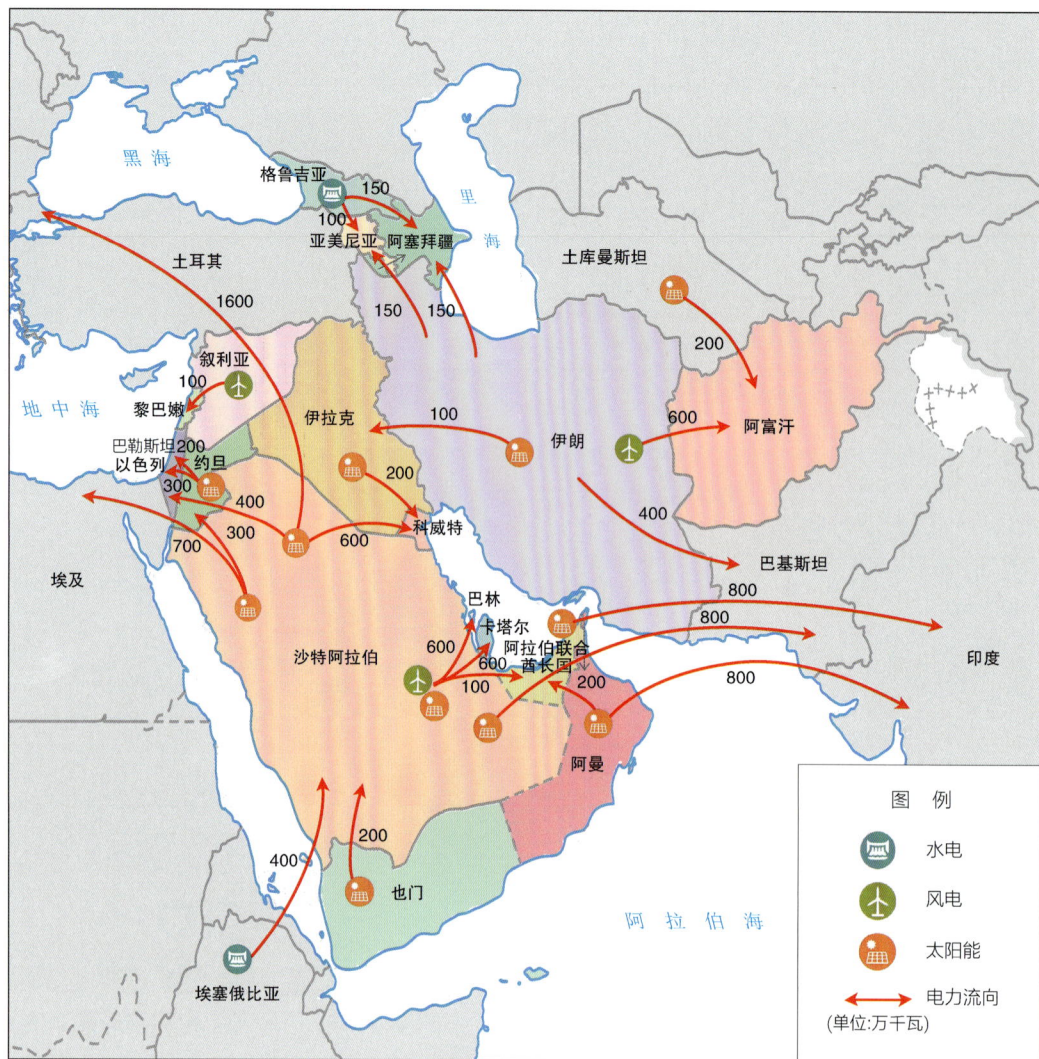

图 5-13　2050 年西亚电力流示意图

5.2　电网格局

亚洲电网发展的重点：一是加快西亚太阳能、中亚风光发电、东南亚水电等大型清洁能源基地开发外送，将资源优势转化为经济优势；二是加快东南亚、南亚电网建设，提高电力普及率；三是加快东亚跨国电力互联，拓宽能源电力供给途径；四是充分发挥特高压技术优势，加快跨洲跨区电网互联，促进清洁能源基地与负荷中心大容量直供直送的"心连心"联网。

2050 年，亚洲电网最大负荷 63.3 亿千瓦，装机容量 157.5 亿千瓦。亚洲毗邻欧洲、非洲和大洋洲，其电网与欧洲、非洲和大洋洲互联，形成"四横三纵"跨洲跨区电力互联通道，适时接受北极清洁电力，在全球能源互联网骨干网架中扮演重要角色。"四横"包括亚欧北横通道、亚欧南横通道、亚非北横通道和亚非南横通道，"三纵"通道包括亚洲东纵通道、亚洲中纵通道和亚洲西纵通道。亚洲电网互联总体格局示意如图 5-14 所示。

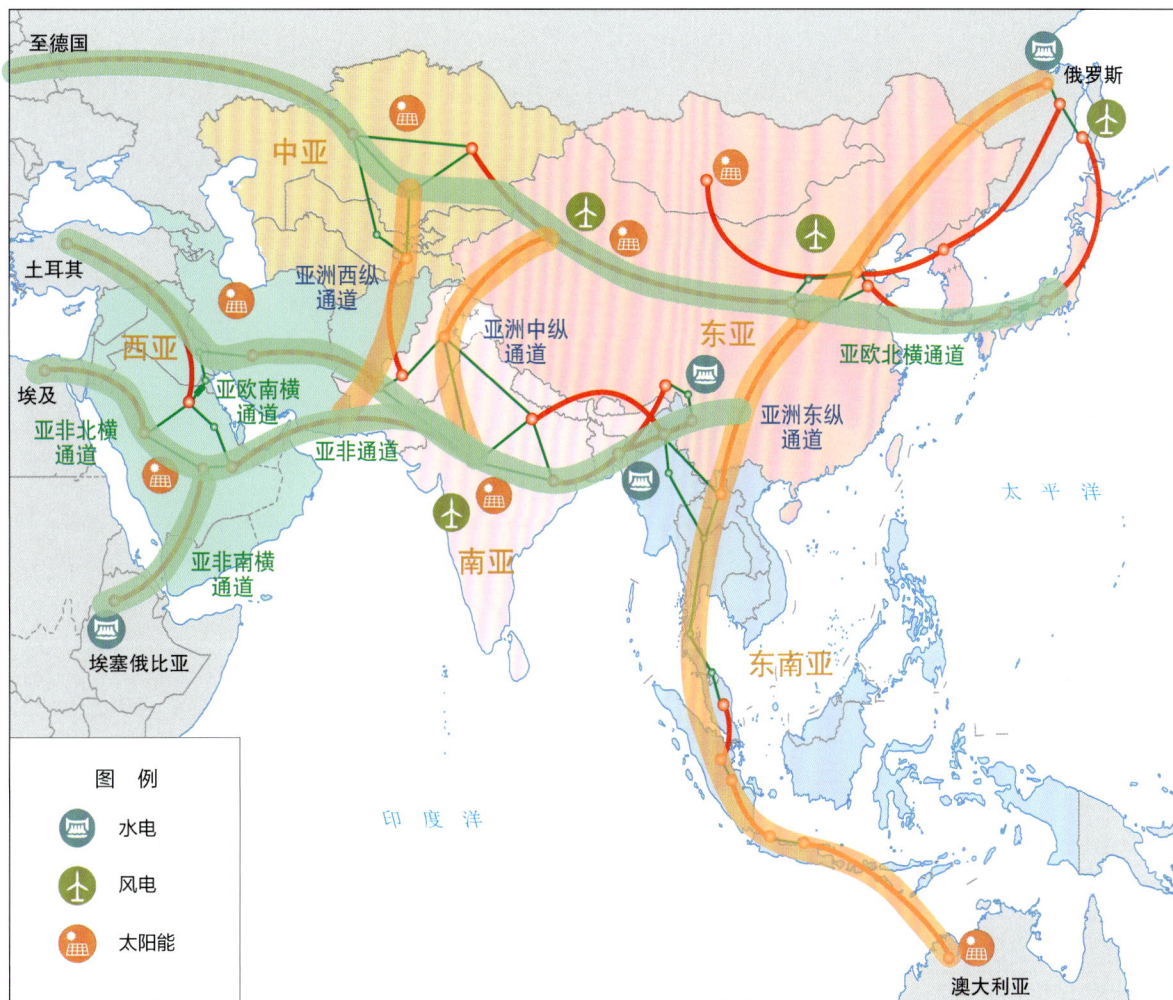

图 5-14　亚洲电网互联总体格局示意图

到 2035 年，洲际互联初具规模，洲内基本形成五个区域联网格局。2035 年亚洲电网跨洲跨区互联示意如图 5-15 所示。

跨洲：建设哈萨克斯坦—德国、沙特阿拉伯—土耳其—保加利亚和沙特阿拉伯—埃及直流工程，分别将中亚太阳能和风电、西亚阿拉伯的太阳能送至欧洲和非洲。建设埃塞俄比亚—沙特阿拉伯直流工程，将东非水电送至西亚，实现水电和太阳能的联合调节。

洲内：建设哈萨克斯坦—中国、沙特阿拉伯—巴基斯坦和阿联酋—印度直流工程，将中亚风光和西亚的太阳能送至东亚和南亚负荷中心。建设塔吉克斯坦—巴基斯坦直流工程，将中亚水电送至南亚负荷中心。建设中国—东南亚直流工程，将中国西南清洁能源送至东南亚负荷中心。建设中国—巴基斯坦直流工程，将中国西北风光送至南亚。建设俄罗斯远东—中日韩朝直流工程，将俄罗斯风电和水电送至东亚负荷中心。

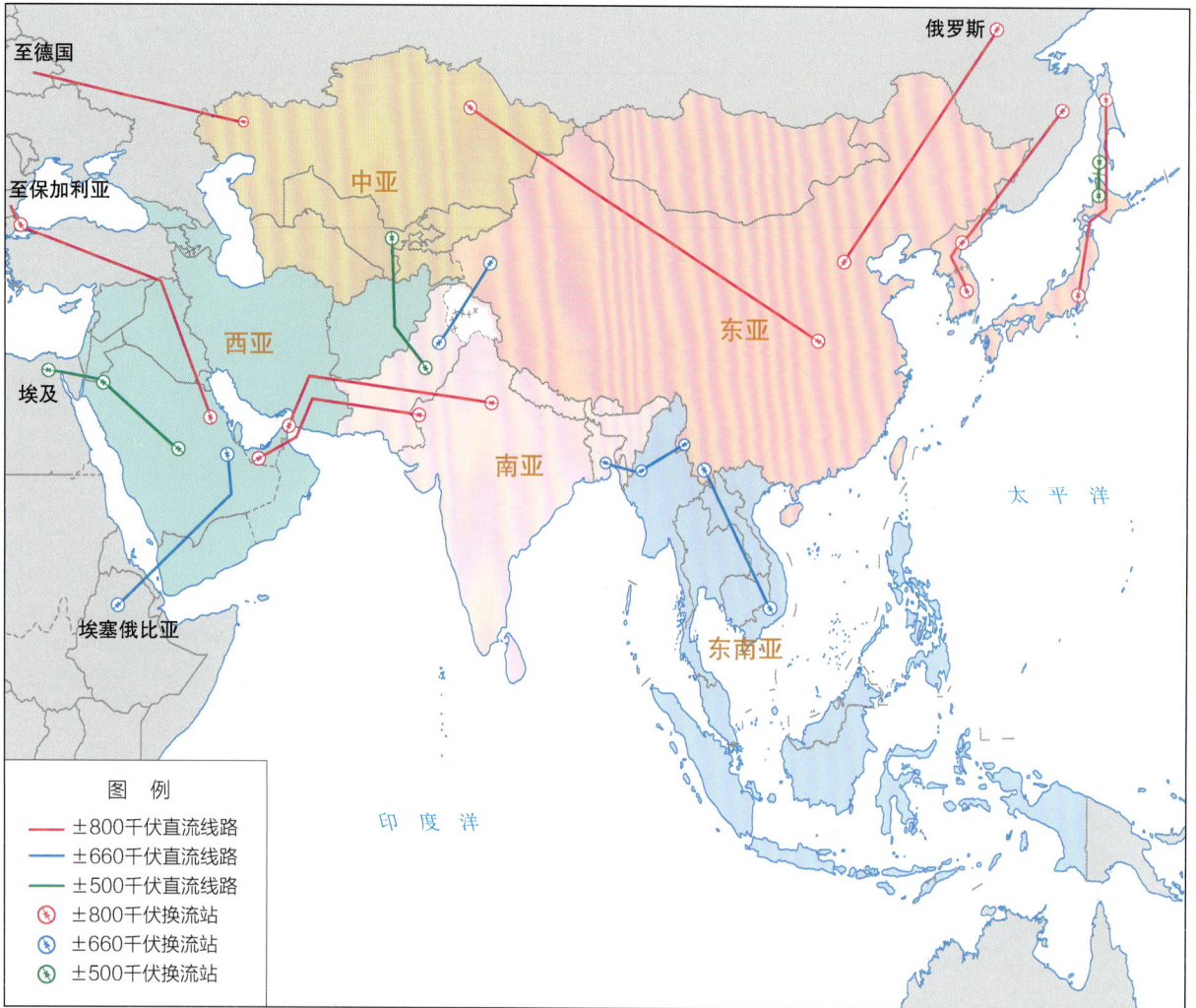

图 5-15　2035 年亚洲电网跨洲跨区互联示意图 ❶

　　到 2050 年，亚洲进一步加强跨洲联网通道，总体形成"四横三纵"互联通道。2050 年亚洲电网跨洲跨区互联示意如图 5-16 所示。

　　跨洲：新增沙特阿拉伯—土耳其、沙特阿拉伯—埃及和哈萨克斯坦—德国直流工程。建设澳大利亚—印度尼西亚直流工程，加强亚洲与大洋洲间的电力交换。

　　洲内：建设中国—巴基斯坦直流工程，将中国西北风电和太阳能送至南亚负荷中心。建设伊朗—巴基斯坦和阿曼—印度直流工程，将西亚太阳能送至南亚负荷中心。建设缅甸—印度、中国—印度直流工程，满足印度负荷需求。建设中国—东南亚直流工程，实现电力互济。加强俄罗斯远东清洁能源基地向东亚负荷中心的送电规模。

---

❶ 本报告各国中所有输电线路的落点及路径均为示意性展示，不严格代表具体地理位置。

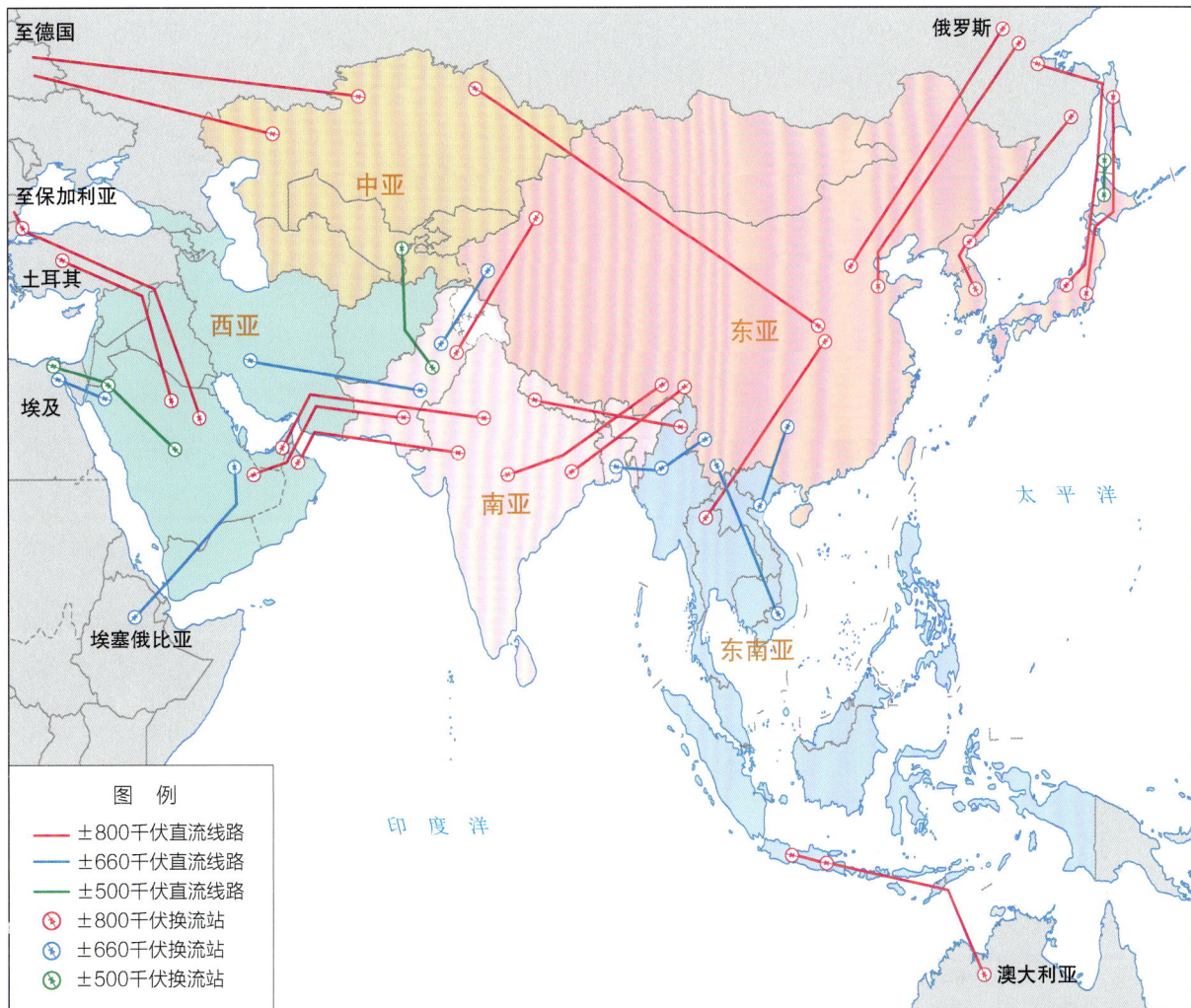

图 5-16 2050 年亚洲电网跨洲跨区互联示意图

5.3 区域电网互联

5.3.1 东亚电网互联

2016 年，东亚用电量 7.6 万亿千瓦时，最大负荷 12.9 亿千瓦，电源装机容量 21.4 亿千瓦。电力消费主要集中在中国、日本和韩国，占比分别为 81%、12% 和 7%。东亚电力普及率总体达到 99%，其中朝鲜和蒙古电力普及率分别为 42% 和 84%。

中国电网与俄罗斯、蒙古、越南、老挝和缅甸通过 17 个输电通道实现初步互联互通。其中，中国东北与俄罗斯之间通过黑河 500 千伏直流背靠背工程互联，年输送电量约 30 亿千瓦时。日本、韩国尚未与周边国家电网互联。

中国建成世界上规模最大、配置能力最强的特高压交直流混合电网。已形成华北、华中、华东、东北、西北、西南和南方 7 个主要区域电网，直流电压最高电压等级为 ±1100 千伏，华北、华中、华东电网交流电压最高电压等级为 1000 千伏，西北电网交流电压最高电压等级为 750 千伏，东北、西南和南方电网交流电压最高电压等级为 500 千伏。日本基本实现全国联网，最高电压等级为 500 千伏。形成北海道、东北、东京、中部、北陆、关西、中国、四国、九州和冲绳 10 个电网公司。其中，北海道、东北、东京构成东部电网，电网频率为 50 赫兹；西部电网包括中部、北陆、关西、中国、四国、九州 6 个电网公司，电网频率为 60 赫兹。东、西部电网由佐久间、新信浓和东清水三个直流背靠背工程互联。韩国形成覆盖全国的互联电网，最高电压等级为 765 千伏。济州岛通过两条直流工程跨海与本土相联，电网频率为 60 赫兹。蒙古电网形成西部、阿尔泰—乌里雅苏台、中部、南部和东部 5 个区域电网。最高电压等级为 220 千伏，除首都负荷中心形成 220 千伏交流环网外，区域电网及相互间联络较为薄弱。朝鲜电网在北部地区以 220 千伏线路连接鸭绿江沿岸水电和重要负荷中心，东南部沿海和南部由 110 千伏及以下线路供电，最高电压等级为 220 千伏，电网频率 60 赫兹。

2035 年，东亚用电量 14.1 万亿千瓦时，最大负荷 24.2 亿千瓦，电源装机容量 50.2 亿千瓦。2035 年东亚电网互联示意如图 5-17 所示。

跨区

建设中国—哈萨克斯坦 ±800 千伏直流和中国—吉尔吉斯斯坦直流背靠背工程，受入中亚风电和太阳能。建设中日韩朝—俄罗斯远东 3 条 ±800 千伏和 1 条 ±500 千伏直流输电工程，受入俄罗斯远东水电和风电。建设中国—缅甸—孟加拉国、中国—越南 ±660 千伏及中国—东南亚间 3 个背靠背工程，实现电力互济。建设中国—巴基斯坦 ±660 千伏和中国—尼泊尔背靠背工程。

区内

东亚各国基本实现互联，建设蒙古—中国 1 条 ±660 千伏和 1 条 ±800 千伏直流，以及中国—日韩朝 1 条 ±800 千伏、2 条 ±660 千伏、2 条 ±500 千伏和 1 个背靠背直流工程，将蒙古及中国华北、东北清洁电力送至东亚负荷中心。中国进一步加强全国互联电网建设，形成重要的"西电东送"和"北电南送"大通道。日本加强东西部间电力交换能力，提升北海道向本州输电容量，满足日本东北部风电外送需求。韩国建设西北部首都行政区和东南工业负荷中心 765 千伏电网，以及东部沿海风电基地外送通道。朝鲜升级现有 220 千伏、110 千伏电网，加强南北方向 500 千伏交流输电通道建设，提升电力受入与疏散能力。蒙古电网升级至 500 千伏，形成连接清洁能源基地和首都乌兰巴托周边 500 千伏网架，进一步加强 220 千伏电网，扩大电网覆盖范围，提高电网供电可靠性。

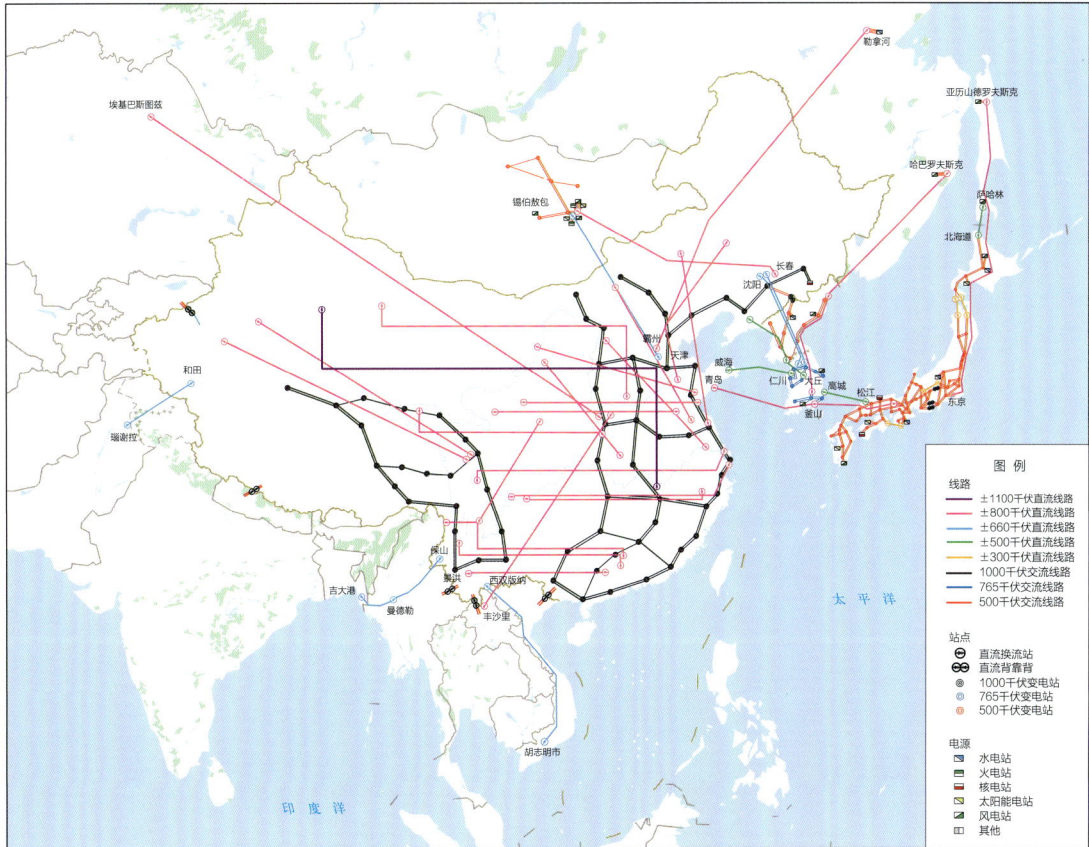

图 5-17 2035 年东亚电网互联示意图

2050 年，东亚用电量 16.9 万亿千瓦时，最大负荷 29.3 亿千瓦，电源装机容量 69.3 亿千瓦。2050 年东亚电网互联示意如图 5-18 所示。

跨区 ▶ 新增中国—俄罗斯远东和日本—俄罗斯远东 2 条 ±800 千伏直流输电工程，加大从俄罗斯远东受入清洁电力的能力。新增中国—老挝 ±800 千伏和中国—越南 ±660 千伏直流输电工程，加大电力互济规模。新增中国—印度 2 条和中国—巴基斯坦 1 条 ±800 千伏直流输电工程，将中国西部清洁电力送至南亚负荷中心。

区内 ▶ 进一步加强各国互联，新建蒙古—中国 1 条 ±800 千伏直流，以及中国—日韩朝 3 条 ±800 千伏直流输电工程。中国进一步加强西电东送和北电南送通道。日本加强东京、中部及关西等重点负荷中心 500 千伏交流电网建设，提升外来电力受入能力。韩国和朝鲜形成覆盖全国的 765 千伏和 500 千伏交流环网。蒙古加快开发塔班陶勒盖等清洁能源基地，依托清洁能源基地电力送出需求，进一步加强 500 千伏电网，向西延伸至乌里雅苏台，形成覆盖主要能源基地和负荷中心的交流网架。

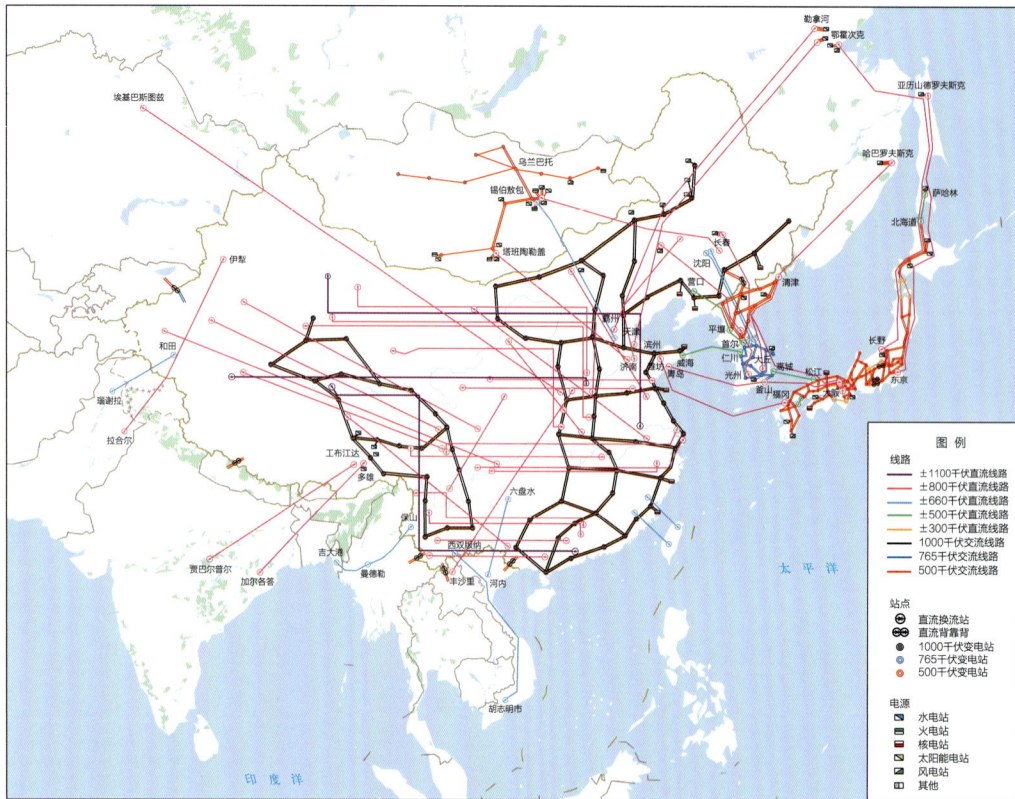

图 5-18 2050 年东亚电网互联示意图

5.3.2 东南亚电网互联

2016 年，东南亚用电量 0.9 万亿千瓦时，最大负荷 1.4 亿千瓦，电源装机容量 2.3 亿千瓦。电力消费主要集中在印度尼西亚、泰国、越南和马来西亚四国，占比分别为 25%、22%、17% 和 16%。东南亚电力普及率总体达到 95%，其中缅甸、柬埔寨、老挝和印度尼西亚电力普及率约为 56%、77%、91% 和 98%。

东南亚双边电力贸易已初具规模，国家间多以点对网或电网单带邻国部分负荷的方式进行双边跨境电力交换，现有跨国联网线路中有 7 回线路（中国与缅甸 1 回、老挝与泰国 6 回）为 500 千伏，其他均为 230 千伏及以下电压等级。2016 年跨国交换容量约 520 万千瓦，约为总装机容量的 2.3%。

缅甸已构成连接首都内比都和中部六省（曼德勒、勃固、仰光、伊洛瓦底、马圭、实皆）的环网。最高电压等级为 230 千伏。老挝分北部、中部 I、中部 II 和南部 4 个区域电网，主网架由 230 千伏线路构成；最高电压等级 500 千伏，用于水电外送泰国线路。泰国已实现全国联网，最高电压等级 500 千伏，建成覆盖中部电源基地和中南部负荷中心的电网结构。越南形成北部以首都河内为中心，南部以港口城市胡志明市为中心的两个区域电网，最高电压等级为 500 千伏，两个电网间通过多条 500 千伏线路相联。柬埔寨电网主要覆盖大城市和主要省会城市，最高电压等级为 230 千伏。马来西亚包括马来西亚（西部）、沙巴和沙捞越三个电网，最高电压等级 500 千伏。新加坡围绕南部沿海负荷中心形成 400 千伏和 230 千伏环网，最高电压等级 400 千伏。文莱电网呈链式连接，围绕负荷中心局部形成环网，最高电压等级 100 千伏。菲律宾受地理条件限制，电网主要分为三部分，包括吕宋岛电网、米沙鄢群岛电网和棉兰老岛电网，最高电压等级 500 千伏。印度尼西亚供电网络覆盖全国，各岛沿负荷中心呈链式结构，最高电压等级 500 千伏。

2035 年，东南亚用电量 2 万亿千瓦时，最大负荷 3.6 亿千瓦，电源装机容量 7 亿千瓦。2035 年东南亚电网互联示意如图 5-19 所示。

跨区 ▶ 新建中国云南至老挝、越南、缅甸 3 个背靠背联网工程，中国云南—越南胡志明市直流输电工程，中国—缅甸—孟加拉国多端直流工程，解决中南半岛和孟加拉国电力缺额。

区内 ▶ 中南半岛跨国形成多条交直流输电通道。配合湄公河水电开发，老挝建设 500 千伏交流线路与泰国、越南相连。依托萨尔温江中游孟东等大型水电站，建设缅甸与泰国间的 500 千伏双回线路。建设 ±660 千伏缅甸萨尔温江—缅甸仰光—泰国曼谷三端直流工程，输送缅甸北部水电至缅甸南部、泰国负荷中心。马来群岛形成西部、中部和东部三个电网。建设马来西亚沙巴州—菲律宾巴拉望岛—菲律宾民都洛岛 ±500 千伏三端直流，马来西亚国内东西部 ±500 千伏直流工程，印度尼西亚加里曼丹岛—爪哇岛 ±500 千伏直流工程，输送加里曼丹岛水、光等清洁能源至菲律宾、马来西亚西部及印度尼西亚负荷中心。

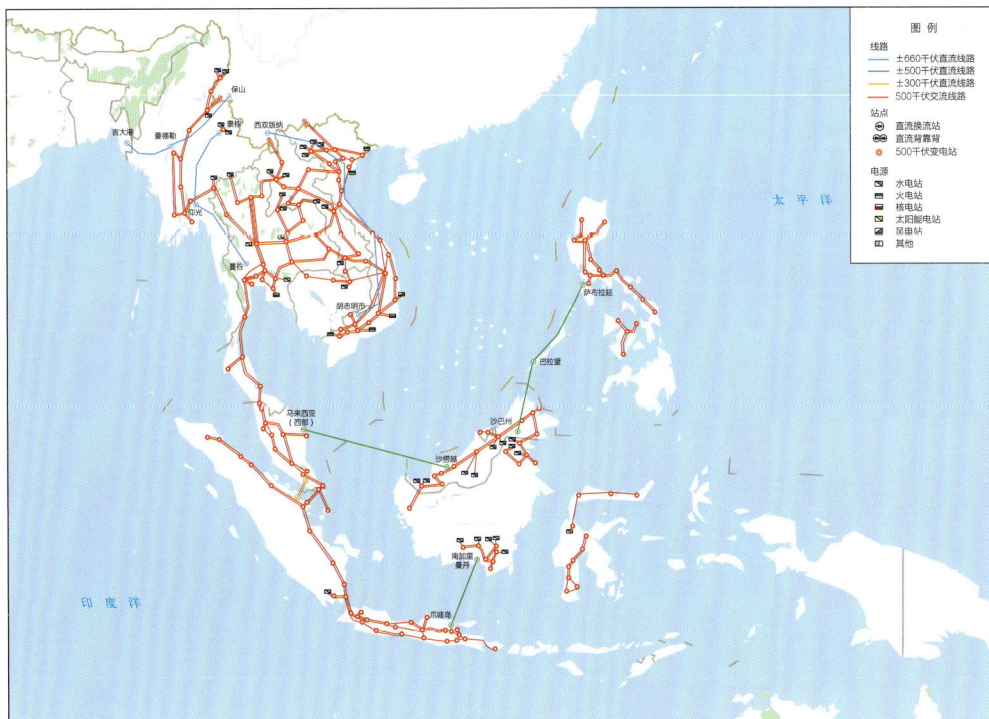

图 5-19　2035 年东南亚电网互联示意图

2050 年，东南亚用电量 3.2 万亿千瓦时，最大负荷 5.7 亿千瓦，电源装机容量 11.9 亿千瓦。2050 年东南亚电网互联示意如图 5-20 所示。

跨洲跨区 ▶

新增中国郑州—老挝丰沙里 ±800 千伏直流工程、中国六盘水—越南河内 ±660 千伏直流工程，解决中南半岛"丰余枯缺"问题。建设缅甸—印度 ±800 千伏直流输电工程，将缅甸北部水电送至印度东部负荷中心。新增澳大利亚—印度尼西亚巴厘岛—印度尼西亚爪哇岛 ±800 千伏三端直流输电工程，将澳大利亚北部太阳能资源送至印度尼西亚负荷中心。

区内 ▶

中南半岛升级建设特高压交流电网，建设"三横三纵"特高压通道，形成"甲"字形特高压网架结构。届时，特高压电网覆盖缅甸、老挝、越南、泰国、柬埔寨等主要清洁能源基地和负荷中心，满足中南半岛各国之间电力输送和丰枯互济要求。马来群岛维持西、中、东部三个交流电网格局。马来群岛中部进一步开发马来西亚沙捞越和印度尼西亚加里曼丹水电等清洁能源资源，新建印度尼西亚加里曼丹—菲律宾棉兰老岛 ±500 千伏线路，水光"打捆"送至菲律宾负荷中心。马来群岛中部与西部之间新增印度尼西亚加里曼丹—爪哇岛和印度尼西亚加里曼丹—新加坡 2 条 ±500 千伏直流工程。

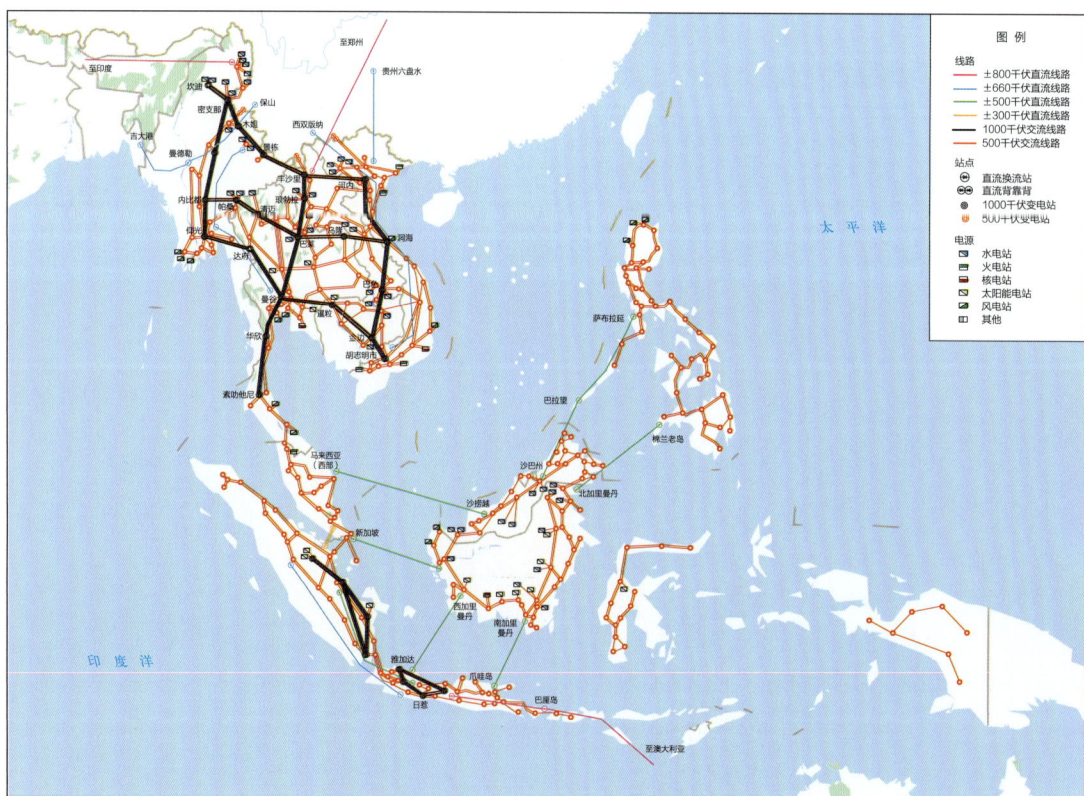

图 5-20　2050 年东南亚电网互联示意图

5.3.3 南亚电网互联

2016 年，南亚用电量 1.3 万亿千瓦时，最大负荷 2.1 亿千瓦，电源装机容量 4.1 亿千瓦。南亚电力消费主要集中在印度，用电量占比 87%。南亚电力普及率较低，其中印度、孟加拉国、尼泊尔和巴基斯坦电力普及率约为 90%、76%、91% 和 71%。

南亚跨国电网互联较为紧密，孟加拉国与印度通过背靠背互联，不丹和尼泊尔则通过多回 132 ~ 220 千伏等级线路与印度互联。

印度形成全国同步电网，由北部、西部、南部、东部和东北部 5 个区域电网组成，区域电网主要以 400 千伏交流线路为主，5 个区域电网通过 40 多条交流、直流和背靠背线路互联。其中，南部电网通过直流或背靠背线路与东部和西部电网异步互联，交流电压最高电压等级为 765 千伏。巴基斯坦北部形成 500 千伏环网，南部和北部通过 500 千伏双回线路互联。其中，巴基斯坦北部部分地区电网为孤网运行，最高电压等级 500 千伏。

2035 年，南亚用电量 5.9 万亿千瓦时，最大负荷 9.6 亿千瓦，电源装机容量 23.1 亿千瓦。2035 年南亚电网互联示意如图 5-21 所示。

跨区 ▶

南亚通过中国保山—缅甸曼德勒—孟加拉国吉大港 ±660 千伏直流线路受入中国西南水电。通过沙特阿拉伯阿尔奥柏拉—巴基斯坦海得拉巴和阿联酋斯维汗—印度斋普尔 ±800 千伏直流受入西亚太阳能。通过中国新疆—巴基斯坦瑙谢拉 ±660 千伏和塔吉克斯坦桑格图达—巴基斯坦瑙谢拉 ±500 千伏直流工程受入中国和塔吉克斯坦电力。通过中国—尼泊尔背靠背工程与中国西南电网互联。

区内 ▶

印度、尼泊尔和不丹三国建成紧密的 400 千伏交流同步电网，满足尼泊尔、不丹水电就近消纳；孟加拉国与印度异步互联，巴基斯坦建成 500 千伏交流骨干网架。印度基本形成首都新德里周边地区的 765 千伏交流环网，并连接北部地区水电基地；南部地区加强 765 千伏主干网架，提高"北电南送"输送能力；西部提高孟买沿海城市圈负荷中心受电能力，满足负荷增长需求。通过 3 条 ±800 千伏直流线路将东北部和北部水电基地电力外送至主要负荷中心。尼泊尔和不丹将建成全国范围的 400 千伏交流环网，分别通过多条交流通道向印度输送水电，此外不丹还将通过 ±660 千伏直流线路向孟加拉国送电。孟加拉国形成围绕首都达卡并延伸至吉大港的 400 千伏交流网架，与印度通过直流背靠背互联。斯里兰卡将建成覆盖中部和西部 400 千伏交流环网，并连接北部风光基地。巴基斯坦形成南北向 500 千伏骨干网架，并通过 ±660 千伏直流线路连接南部清洁能源基地与北部负荷中心。

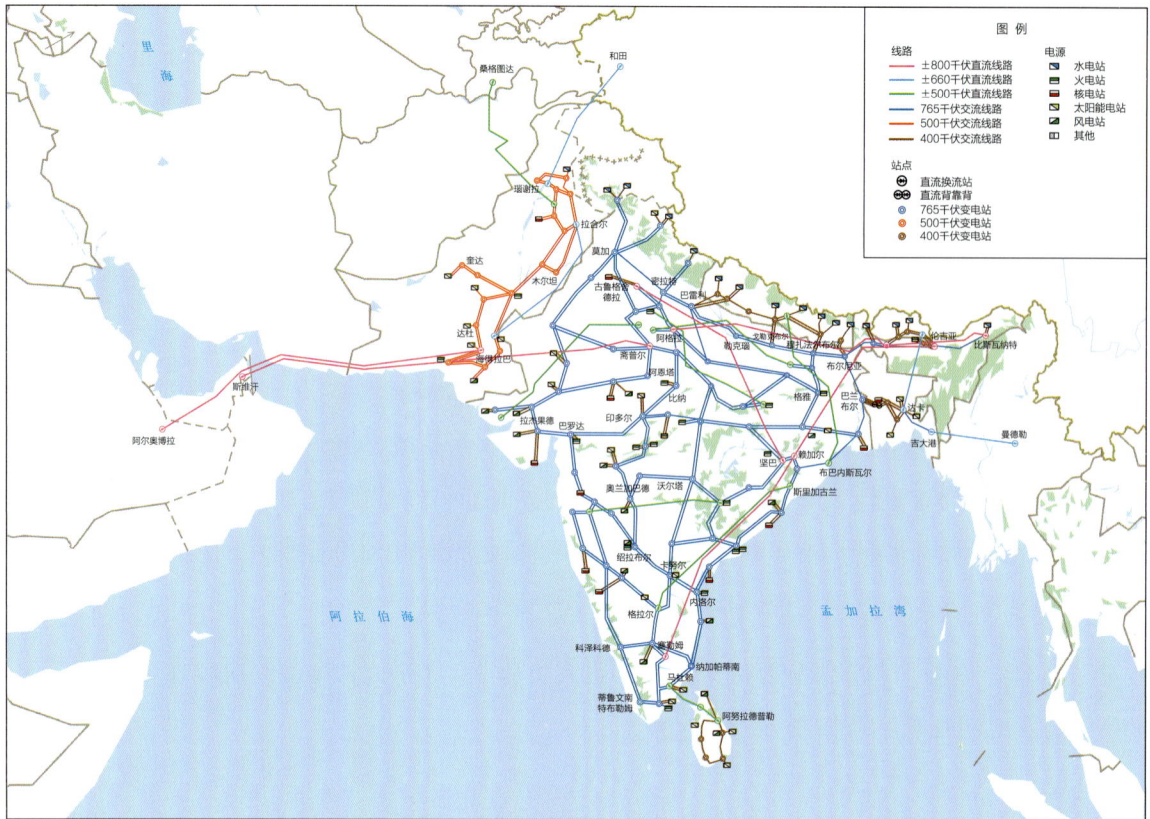

图 5-21　2035 年南亚电网互联示意图

2050 年，南亚用电量 11.7 万亿千瓦时，最大负荷 19.5 亿千瓦，电源装机容量 55.5 亿千瓦。2050 年南亚电网互联示意如图 5-22 所示。

跨区 ▶ ....

新增缅甸密支那—印度勒克瑙 ±800 千伏直流线路与东南亚互联。新增阿曼索哈尔—印度巴罗达 1 条 ±800 千伏和伊朗法萨—巴基斯坦胡兹达尔 1 条 ±660 千伏直流线路与西亚太阳能基地相连。新增中国工布江达—印度贾巴尔普尔、中国多雄—印度加尔各答和中国伊犁—巴基斯坦拉合尔 3 条 ±800 千伏直流线路。

区内 ▶ ....

印度将建成覆盖全国 765 千伏交流网架。尼泊尔和不丹 400 千伏环网将进一步加强，分别形成 6 个和 5 个交流通道与印度互联。孟加拉国基本形成 765 千伏骨干网架，满足国内清洁能源基地开发需求。斯里兰卡将建成全国范围的 400 千伏交流环网，并通过 ±660 千伏直流线路与印度互联。巴基斯坦在南北部负荷中心分别形成 500 千伏交流环网，南部风电和北部水电基地就近接入。同时网架将向西延伸，满足西部大型太阳能基地的电力消纳需求。

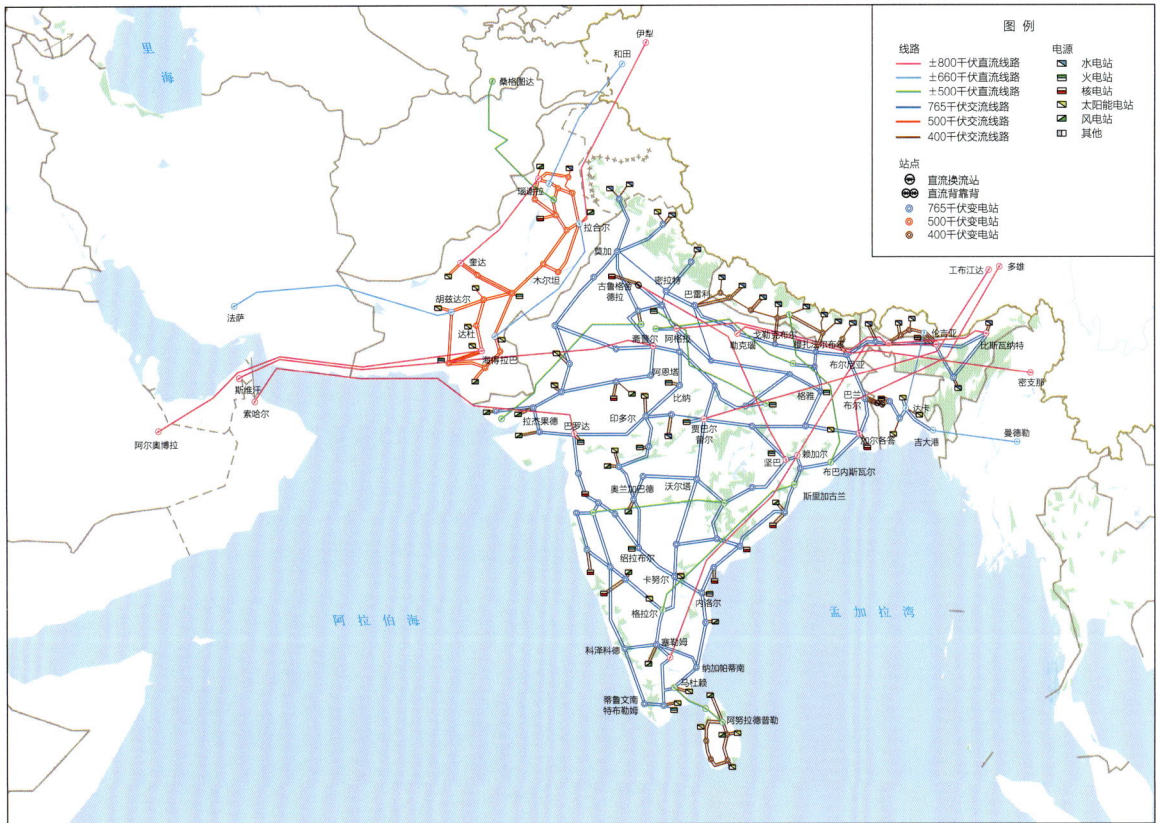

图 5-22 2050 年南亚电网互联示意图

5.3.4 中亚电网互联

2016 年，中亚用电量 2076 亿千瓦时，最大负荷 4115 万千瓦，电源装机容量 4666 万千瓦。中亚电力普及率已达 100%。

中亚 5 国已形成 500 千伏主网架，从北到南沿负荷中心呈长链式结构，在中部形成 500 千伏单回环网。塔吉克斯坦、吉尔吉斯斯坦和哈萨克斯坦电网同步运行，乌兹别克斯坦和土库曼斯坦已断开与其他三国的联络线。

哈萨克斯坦电网分为北部、西部和南部三部分。南北电网通过 2 条 500 千伏线路实现互联，实现北部电网向南部电网电力的输送，西部电网与俄罗斯电网互联进口电力，最高电压等级 500 千伏。中亚除哈萨克斯坦外，另外四国电网 500 千伏交流主网架呈单回 / 双回链式结构，主要通过 220 千伏和 110 千伏线路传输电力。

2035 年，中亚用电量 4140 亿千瓦时，最大负荷 7150 万千瓦，电源装机容量 1.8 亿千瓦。2035 年中亚电网互联示意如图 5-23 所示。

跨洲跨区 ▸ ....

向西通过 1 条 ±800 千伏直流与欧洲电网相连，送电欧洲；向东通过 1 条 ±800 千伏直流和 1 个直流背靠背与中国相连；向南通过 1 条 ±500 千伏直流与南亚巴基斯坦相连。

区内 ▸ ....

中亚 5 国形成以 500 千伏电压为主的交流同步电网。其中哈萨克斯坦在 500 千伏环网基础上建设 2 个特高压送电通道；乌兹别克斯坦形成 500 千伏环网；吉尔吉斯斯坦、塔吉克斯坦和土库曼斯坦均形成 500 千伏链式网架。

图 5-23　2035 年中亚电网互联示意图

2050 年，中亚用电量 6170 亿千瓦时，最大负荷 1.1 亿千瓦，电源装机容量 3.3 亿千瓦。2050 年中亚电网互联示意如图 5-24 所示。

跨洲跨区 ▶ ···

向西新增 1 条 ±800 千伏直流线路与欧洲电网相连；向南新增 1 个直流背靠背与西亚阿富汗相连。

区内 ▶ ···

继续加强各国间电网互联，形成"三横两纵"的跨国通道。哈萨克斯坦形成特高压环网，其他国家加强 500 千伏交流电网建设，形成双环网网架。

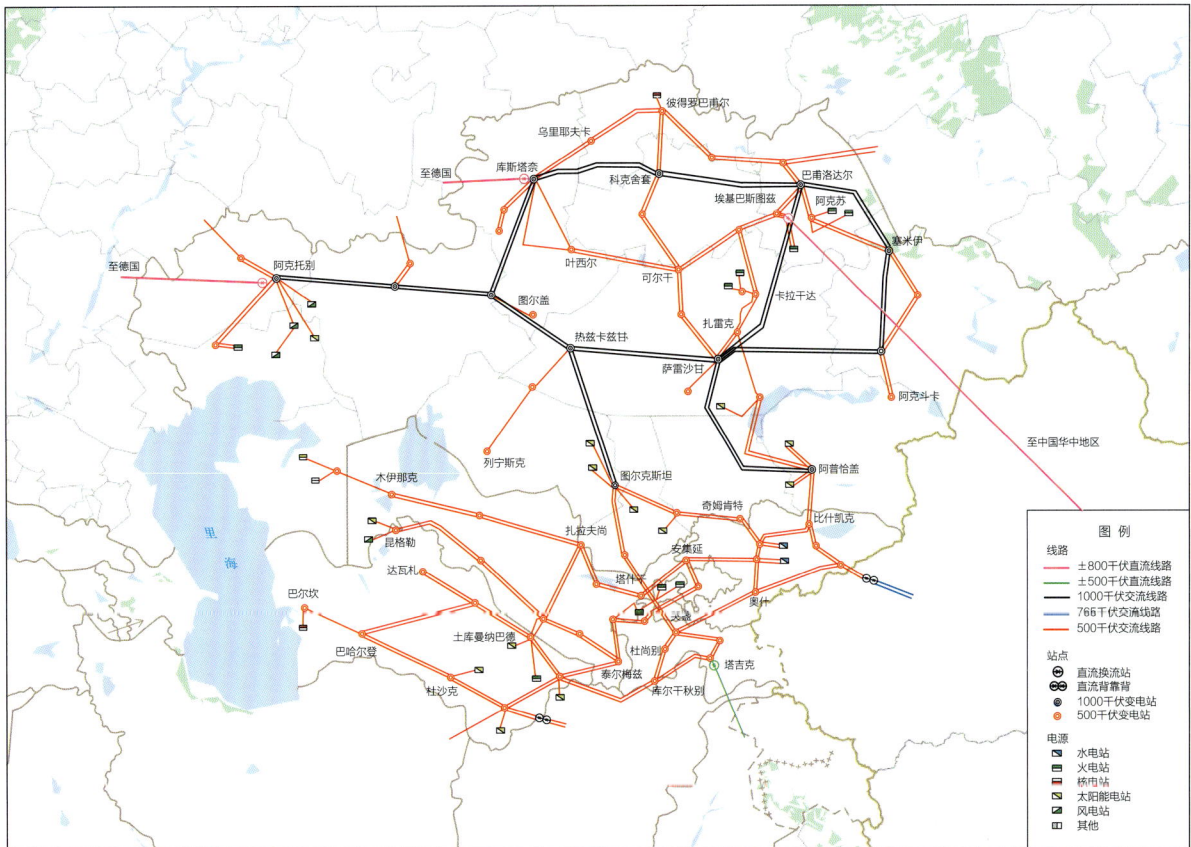

图 5-24　2050 年中亚电网互联示意图

5.3.5 西亚电网互联

2016 年，西亚用电量 9895 亿千瓦时，最大负荷 2.3 亿千瓦，电源装机容量 3.1 亿千瓦。西亚电力消费主要集中在沙特阿拉伯和伊朗，用电量占比分别为 30% 和 24%。西亚除叙利亚、也门和阿富汗外，其他各国电力普及率均为 100%。

西亚海湾 6 国已通过 400 千伏互联电网实现电网跨国互联，其中沙特阿拉伯电网频率为 60 赫兹，通过一个背靠背工程与海湾其他国家互联。中东北部主要国家通过 400 千伏线路同步互联，外高加索 3 国（格鲁吉亚、亚美尼亚、阿塞拜疆）形成 500 千伏同步电网。

沙特阿拉伯已形成中部、东部、西部和西南部 4 个区域电网，并已全部实现互联；东部和中部地区形成多个 380 千伏环网结构，最高电压等级为交流 380 千伏，频率 60 赫兹。阿联酋电网主网架以 400 千伏和 225 千伏为主，北部沿海发达地区电网结构较为紧密。伊朗电网主网架结构较为完善，基本覆盖全国主要地区，部分 230 千伏区域电网独立于主网外运行，最高电压等级为交流 400 千伏。伊朗通过多条 132 ～ 400 千伏线路与伊拉克、土耳其、亚美尼亚、阿塞拜疆、土库曼斯坦、阿富汗及巴基斯坦等周边国家相连。

2035 年，西亚用电量 2.5 万亿千瓦时，最大负荷 5.1 亿千瓦，电源装机容量 10.5 亿千瓦。2035 年西亚电网互联示意如图 5-25 所示。

跨洲跨区 ▶

以太阳能基地电力外送通道为主，西亚与南亚通过沙特阿拉伯阿尔奥柏拉—巴基斯坦海得拉巴和阿联酋斯维汗—印度斋普尔 2 条 ±800 千伏直流互联；与欧洲通过沙特阿拉伯阿尔克苏马—土耳其伊斯坦布尔—保加利亚哈斯科沃 ±800 千伏直流互联；与非洲通过沙特阿拉伯麦地那—泰布克—埃及开罗 ±500 千伏三端直流互联；与东非通过沙特阿拉伯利雅得—埃塞俄比亚亚的斯亚贝巴 ±660 千伏直流互联。

区内 ▶

海湾 6 国通过 400 千伏交流线路实现跨国互联，形成网状结构，各国通过直流背靠背接入互联电网。中东北部各国通过 400 千伏交流线路实现互联；外高加索 3 国形成 500 千伏互联同步电网，并与伊朗通过 2 个背靠背互联。沙特阿拉伯初步建成首都利雅得及周边地区的 1000 千伏特高压交流环网，提高负荷中心的受电能力。伊朗初步建成连接德黑兰、伊斯法罕和阿瓦士三大负荷中心区的 765 千伏骨干网架，加强东南部电网形成 400 千伏环网，并与核心区相连。阿富汗在喀布尔和坎大哈两大核心区形成区域性环网，分别接受东北部水电和东南部太阳能基地外送电力。

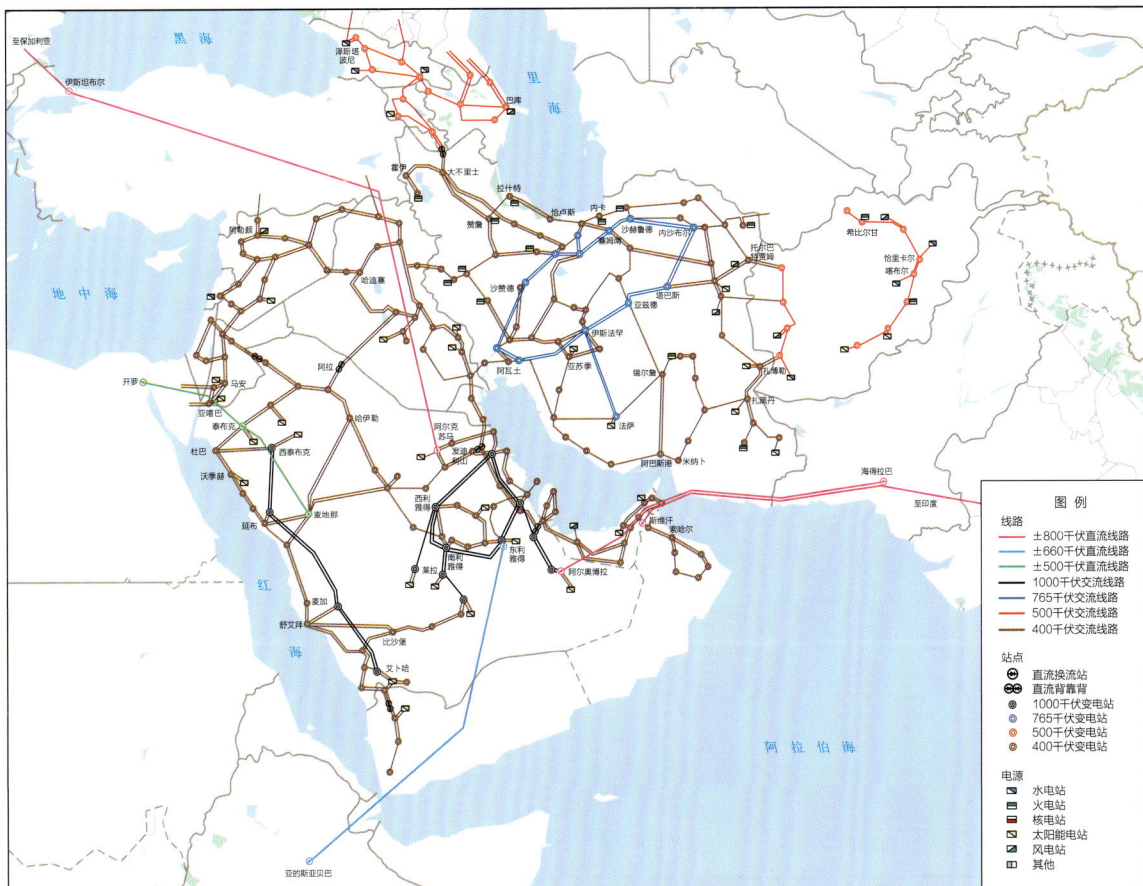

图 5-25 2035 年西亚电网互联示意图

2050 年，西亚用电量 3.9 万亿千瓦时，最大负荷 7.7 亿千瓦，电源装机容量 17.5 亿千瓦。2050 年西亚电网互联示意如图 5-26 所示。

跨洲跨区 ▶

新增阿曼索哈尔—印度巴罗达 ±800 千伏直流和伊朗法萨—巴基斯坦胡兹达尔 ±660 千伏直流工程与南亚互联；新增 1 条 ±800 千伏直流输电工程与欧洲互联；新增 1 条 ±660 千伏直流输电工程与非洲互联。

区内 ▶

西亚各国国内电网网架进一步加强。沙特阿拉伯加强首都周边 1000 千伏特高压交流环网，建设连接太阳能基地的 1000 千伏特高压交流输电工程，并在西部建成覆盖红海沿岸清洁能源基地的 1000 千伏特高压输电走廊，连接泰布克、麦地那和麦加等负荷中心。伊朗建成围绕中部负荷中心的 765 千伏环网，并通过 765 千伏输电线路消纳西部和南部太阳能基地的清洁电力。阿富汗初步建成 500 千伏环网，连接国内各主要负荷中心和清洁能源基地。

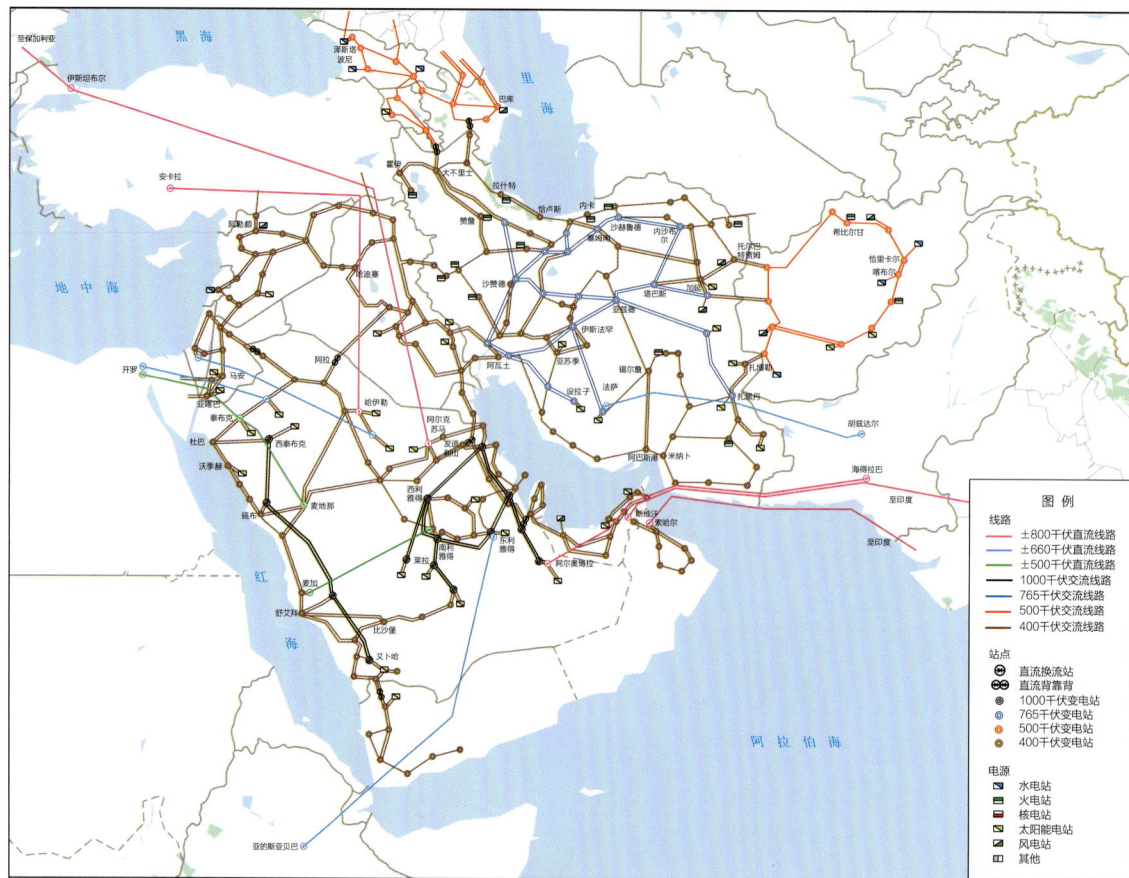

图 5-26　2050 年西亚电网互联示意图

5.4 重点互联互通工程

5.4.1 跨洲重点工程

1 **亚洲—欧洲互联互通工程**

沙特阿拉伯阿尔克苏马—土耳其伊斯坦布尔—保加利亚哈斯科沃 ±800 千伏直流输电工程，定位将沙特阿拉伯太阳能外送欧洲，拟采用 ±800 千伏直流，输送容量 800 万千瓦，线路长度约 2800 千米，2035 年前建成。工程总投资约 53 亿美元，输电价约 1.98 美分 / 千瓦时。

沙特阿拉伯哈伊勒—土耳其安卡拉 ±800 千伏直流输电工程，定位将沙特太阳能外送土耳其，拟采用 ±800 千伏直流，输送容量 800 万千瓦，线路长度约 2200 千米，2050 年前建成。工程总投资约 47 亿美元，输电价约 1.73 美分 / 千瓦时。

西亚—欧洲互联工程示意如图 5-27 所示。

图 5-27　西亚—欧洲互联工程示意图

哈萨克斯坦阿克托别—德国慕尼黑 ±800 千伏直流输电工程，定位将哈萨克斯坦风电和太阳能外送欧洲德国，拟采用 ±800 千伏直流，输送容量 800 万千瓦，线路长度约 3500 千米，2035 年建成。工程总投资约 62 亿美元，输电价约 2.36 美分 / 千瓦时。

哈萨克斯坦库斯塔奈—德国纽伦堡 ±800 千伏直流输电工程，定位将哈萨克斯坦风电和太阳能外送欧洲德国，拟采用 ±800 千伏直流，输送容量 800 万千瓦，线路长度约 3900 千米，2050 年建成。工程总投资约 67 亿美元，输电价约 2.58 美分 / 千瓦时。

中亚—欧洲互联工程示意如图 5-28 所示。

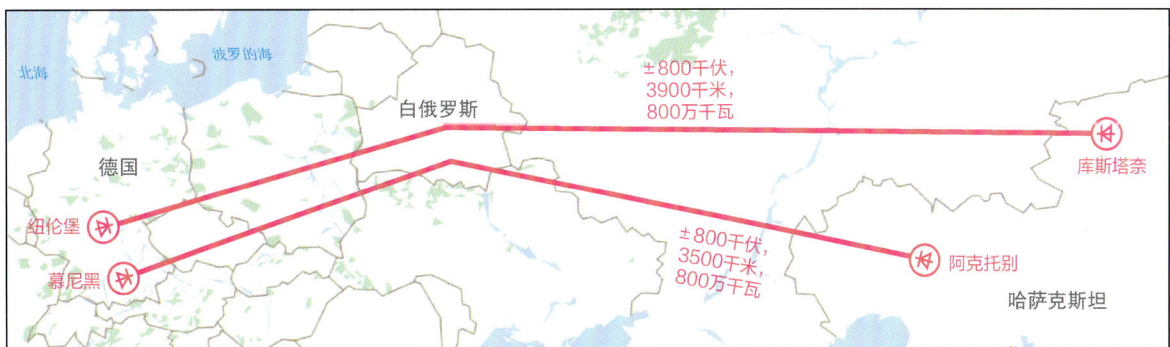

图 5-28　中亚—欧洲互联工程示意图

2 亚洲—非洲互联互通工程

沙特阿拉伯麦地那—沙特阿拉伯泰布克—埃及开罗 ±500 千伏三端直流输电工程，定位将沙特阿拉伯太阳能外送埃及，拟采用 ±500 千伏直流，输送容量 300 万千瓦，线路长度约 1300 千米，其中跨海长度 20 千米，2035 年前建成。工程总投资约 16 亿美元，输电价约 1.51 美分／千瓦时。

沙特阿拉伯泰布克—埃及开罗 ±660 千伏直流输电工程，定位将沙特阿拉伯太阳能外送埃及，拟采用 ±660 千伏直流，输送容量 400 万千瓦，线路长度约 700 千米，其中跨海长度 20 千米，2050 年前建成。工程总投资约 14 亿美元，输电价约 0.98 美分／千瓦时。

埃塞俄比亚亚的斯亚贝巴—沙特阿拉伯利雅得 ±660 千伏直流输电工程，定位汇集埃塞俄比亚复兴大坝和吉贝水电基地电力外送沙特阿拉伯，拟采用 ±660 千伏直流，输送容量 400 万千瓦，线路长度约 2000 千米，其中跨海长度 40 千米，2035 年前建成。工程总投资约 21 亿美元，输电价约 1.50 美分／千瓦时。

亚洲—非洲互联工程示意如图 5-29 所示。

图 5-29 亚洲—非洲互联工程示意图

3 亚洲—大洋洲互联互通工程

澳大利亚达尔文—印度尼西亚巴厘岛—印度尼西亚爪哇岛 ±800 千伏三端直流输电工程，定位将澳大利亚西北部太阳能外送印度尼西亚，拟采用 ±800 千伏直流，输送容量 800 万千瓦，印度尼西亚巴厘岛消纳 200 万千瓦、印度尼西亚爪哇岛消纳 600 万千瓦，线路长度约 2500 千米，其中跨海长度 800 千米，2050 年前建成。工程总投资约 77 亿美元，输电价约 2.76 美分／千瓦时。

亚洲—大洋洲互联工程示意如图 5-30 所示。

图 5-30 亚洲—大洋洲互联工程示意图

5.4.2 跨区重点工程

1 西亚—南亚互联互通工程

沙特阿拉伯阿尔奥伯拉—巴基斯坦海得拉巴 ±800 千伏直流输电工程，定位将沙特阿拉伯太阳能外送巴基斯坦，拟采用 ±800 千伏直流，输送容量 800 万千瓦，线路长度约 2200 千米，其中跨海长度 100 千米，2035 年前建成。工程总投资约 45.5 亿美元，输电价约 1.57 美分／千瓦时。

阿联酋斯维汗—印度斋普尔 ±800 千伏直流输电工程，定位将阿联酋太阳能外送印度，拟采用 ±800 千伏直流，输送容量 800 万千瓦，线路长度约 2300 千米，其中跨海长度 100 千米，2035 年前建成。工程总投资约 46.4 亿美元，输电价约 1.60 美分／千瓦时。

阿曼索哈尔—印度巴罗达 ±800 千伏直流输电工程，定位将阿曼太阳能外送印度，拟采用 ±800 千伏直流，输送容量 800 万千瓦，线路长度约 2300 千米，其中跨海长度 1000 千米，2050 年前建成。工程总投资约 88.9 亿美元，输电价约 3.08 美分／千瓦时。

伊朗法萨—巴基斯坦胡兹达尔 ±660 千伏直流输电工程，定位将伊朗太阳能外送阿富汗，拟采用 ±660 千伏直流，输送容量 400 万千瓦，线路长度约 1400 千米，2050 年前建成。工程总投资约 16.8 亿美元，输电价约 1.17 美分／千瓦时。

西亚—南亚互联工程示意如图 5-31 所示。

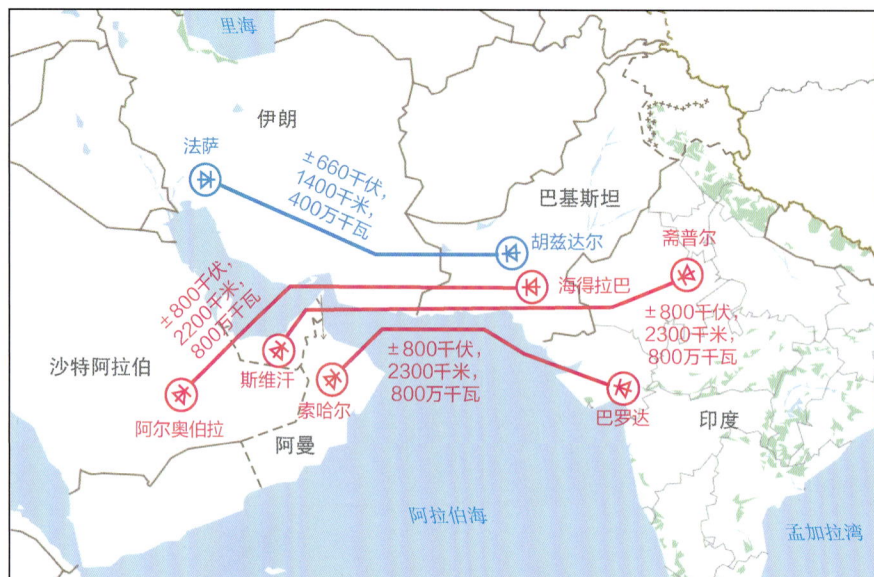

图 5-31　西亚—南亚互联工程示意图

2　中亚—东亚互联互通工程

哈萨克斯坦埃基巴斯图兹—中国河南 ±800 千伏直流输电工程，定位将哈萨克斯坦风电和太阳能外送中国，拟采用 ±800 千伏直流，输送容量 800 万千瓦，线路长度约 4000 千米，2035 年建成。工程总投资约 56 亿美元，输电价约 1.94 美分／千瓦时。

中亚—东亚互联工程示意如图 5-32 所示。

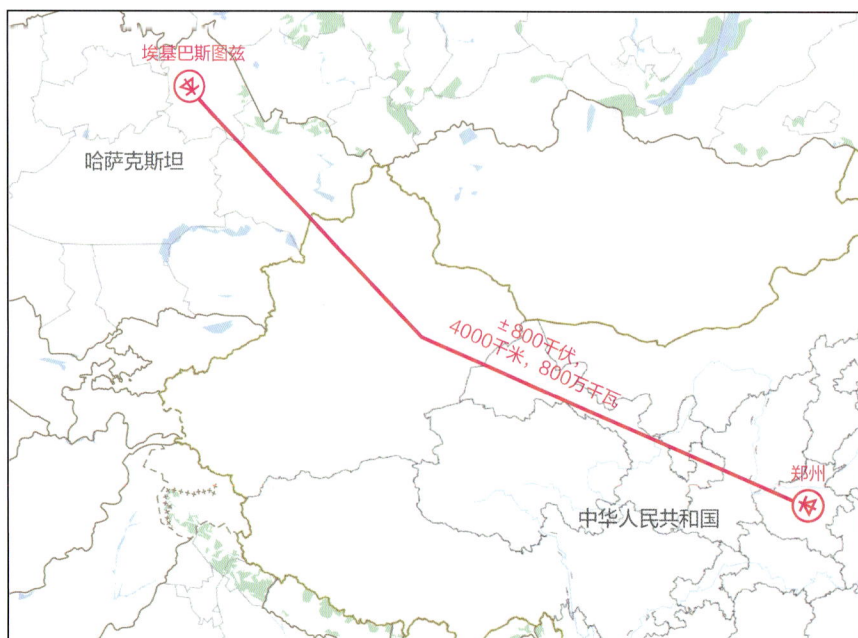

图 5-32　中亚—东亚互联工程示意图

3 中亚—南亚互联互通工程

塔吉克斯坦桑格图达—巴基斯坦瑙谢拉 ±500 千伏直流输电工程，定位将塔吉克斯坦水电外送巴基斯坦，拟采用 ±500 千伏直流，输送容量 130 万千瓦，线路长度约 750 千米，2035 年建成。工程总投资约 5.9 亿美元，输电价约 1.26 美分／千瓦时。

中亚—南亚互联工程示意如图 5-33 所示。

图 5-33　中亚—南亚互联工程示意图

4 东亚—南亚互联互通工程

中国和田—巴基斯坦瑙谢拉 ±660 千伏直流输电工程，定位将中国新疆太阳能外送巴基斯坦，拟采用 ±660 千伏直流，输送容量 400 万千瓦，线路长度约 1000 千米，2035 年前建成。工程总投资约 14.7 亿美元，输电价约 0.51 美分／千瓦时。

中国伊犁—巴基斯坦拉合尔 ±800 千伏直流输电工程，定位将中国新疆风电和太阳能外送巴基斯坦，拟采用 ±800 千伏直流，输送容量 800 万千瓦，线路长度约 2000 千米，2050 年前建成。工程总投资约 38.2 亿美元，输电价约 1.32 美分／千瓦时。

中国多雄—印度加尔各答 ±800 千伏直流输电工程，定位将中国西藏东南水电外送印度，拟采用 ±800 千伏直流，输送容量 800 万千瓦，线路长度约 1600 千米，2050 年前建成。工程总投资约 34.6 亿美元，输电价约 1.20 美分／千瓦时。

中国工布江达—印度贾巴尔普尔 ±800 千伏直流输电工程，定位将中国西藏东南水电外送印度，拟采用 ±800 千伏直流，输送容量 800 万千瓦，线路长度约 2000 千米，2050 年前建成。工程总投资约 38.2 亿美元，输电价约 1.32 美分／千瓦时。

东亚—南亚互联工程示意如图 5-34 所示。

图 5-34　东亚—南亚互联工程示意图

5　东亚—东南亚互联互通工程

中国西双版纳—越南胡志明市 ±660 千伏直流输电工程，定位将中国云南水电外送越南，拟采用 ±660 千伏直流，输送容量 400 万千瓦，线路长度约 1600 千米，2035 年前建成。工程总投资约 17.8 亿美元，输电价约 1.23 美分／千瓦时。

中国六盘水—越南河内 ±660 千伏直流输电工程，定位将中国贵州水电外送越南，拟采用 ±660 千伏直流，输送容量 400 万千瓦，线路长度约 850 千米，2050 年前建成。工程总投资约 13.9 亿美元，输电价约 0.96 美分／千瓦时。

中国郑州—老挝丰沙里 ±800 千伏直流输电工程，定位将中国华北富余电力外送老挝，拟采用 ±800 千伏直流，输送容量 800 万千瓦，线路长度约 1700 千米，2050 年前建成。工程总投资约 35.5 亿美元，输电价约 1.23 美分／千瓦时。

东亚—东南亚互联工程示意如图 5-35 所示。

图 5-35　东亚—东南亚互联工程示意图

6 东南亚—南亚互联互通工程

中国保山—缅甸曼德勒—孟加拉国吉大港 ±660 千伏直流输电工程，定位将中国云南水电外送缅甸和孟加拉国，拟采用 ±660 千伏直流，输送容量 400 万千瓦，线路长度约 1150 千米，2035 年前建成。工程总投资约 15.5 亿美元，输电价约 1.08 美分 / 千瓦时。

缅甸密支那—印度勒克瑙 ±800 千伏直流输电工程，定位将缅甸水电外送印度，拟采用 ±800 千伏直流，输送容量 800 万千瓦，线路长度约 2000 千米，2050 年前建成。工程总投资约 38.2 亿美元，输电价约 1.32 美分 / 千瓦时。

东南亚—南亚互联工程示意如图 5-36 所示。

图 5-36   东南亚—南亚互联工程示意图

7   俄罗斯远东—东亚互联互通工程

俄罗斯萨哈林—日本北海道 ±500 千伏直流输电工程，定位将萨哈林风电外送日本，拟采用 ±500 千伏直流，输送容量 200 万千瓦，线路长度约 300 千米，其中跨海长度 40 千米，2035 年前建成。工程总投资约 6.7 亿美元，输电价约 1 美分／千瓦时。

俄罗斯哈巴罗夫斯克—朝鲜清津—韩国大丘 ±800 千伏三端柔性直流输电工程，定位将哈巴罗夫斯克风电外送朝鲜和韩国，拟采用 ±800 千伏直流，输送容量 800 万千瓦，线路长度约 2300 千米，2035 年前建成。工程总投资约 40.9 亿美元，输电价约 1.42 美分／千瓦时。

俄罗斯亚历山德罗夫斯克—日本东京 ±800 千伏直流输电工程，定位将萨哈林岛风电外送日本，拟采用 ±800 千伏直流，输送容量 800 万千瓦，线路长度为 2000 千米，其中跨海长度 80 千米，2035 年前建成。工程总投资为 41 亿美元，输电价为 1.42 美分／千瓦时。

俄罗斯勒拿河—中国河北 ±800 千伏直流输电工程，定位将勒拿河水电和鄂霍次克风电外送中国华北，拟采用 ±800 千伏直流，输送容量 800 万千瓦，线路长度约 2700 千米，2035 年前建成。工程总投资约 44.5 亿美元，输电价约 1.54 美分／千瓦时。

俄罗斯鄂霍次克—日本长野 ±800 千伏直流输电工程，定位将鄂霍次克风电外送日本，拟采用 ±800 千伏直流，输送容量 800 万千瓦，线路长度约 2700 千米，其中跨海长度 230 千米，2050 年前建成。工程总投资约 52.5 亿美元，输电价约 1.82 美分／千瓦时。

俄罗斯勒拿河—中国山东 ±800 千伏直流输电工程，定位将勒拿河水电外送中国华北，拟采用 ±800 千伏直流，输送容量 800 万千瓦，线路长度为 2700 千米，2050 年前建成。工程总投资为 44.5 亿美元，输电价为 1.54 美分 / 千瓦时。

俄罗斯远东—东亚互联工程如图 5-37 所示。

图 5-37　俄罗斯远东—东亚互联工程示意图

5.5　投资估算

5.5.1　投资估算原则

亚洲能源互联网投资包括电源投资和电网投资两部分。电源投资根据单位容量投资成本和投产容量进行测算，电网投资根据各电压等级电网投资造价进行估算。

电源投资方面，根据各类电源技术发展趋势，结合国际能源署、彭博新能源财经等国际能源机构相关研究成果，预测 2035 年、2050 年各类电源单位容量投资成本，见表 5-1。预计到2050 年太阳能和风电单位投资成本较 2016 年 ❶ 分别降低 60% 和 50%。

---

❶　2016 年风光发电单位投资成本引自美国可再生能源国家实验室，集中式光伏单位投资 1800 美元 / 千瓦，光热发电单位投资 7800 美元 / 千瓦，陆上风电单位投资 1500 美元 / 千瓦，海上风电单位投资 3800 美元 / 千瓦。

表 5-1　各水平年各类电源单位投资成本预测

单位：美元 / 千瓦

电源类型	2035 年	2050 年
火电	700	750
水电	2600	2000
光伏	500（基地成本：400）	280（基地成本：230）
光热	3380	2760
陆上风电	850（基地成本：680）	650（基地成本：520）
海上风电	1260	1060
核电	5500	5500
生物质及其他	4300	4000

电网投资方面，特高压电网主要参考中国、巴西等同类工程造价进行测算，并结合亚洲工程造价实际情况进行调整。考虑不同水平年和地区差异，各电压等级电网投资测算参数见表 5-2。

表 5-2　各电压等级电网投资测算参数

工程类别	变电站、换流站（美元 / 千伏安、美元 / 千瓦）	线路（万美元 / 千米）	海底电缆❶（万美元 / 千米）
1000 千伏交流	67	83	—
765（750）千伏交流	41	63	
500 千伏交流	39	34	
400 千伏交流	33	22	—
±500 千伏直流	118	38	250
±660 千伏直流	119	52	300
±800 千伏直流	126	90	440

5.5.2　投资估算结果

2019—2050 年，亚能源互联网总投资约 18.7 万亿美元。其中电源投资约 14.3 万亿美元，占总投资 76%；电网投资约 4.4 万亿美元，占总投资 24%。亚洲能源互联网投资规模与结构如图 5-38 所示。

---

❶　表中数据适用于水深小于 100 米的浅海区域。根据实际调研，对于 100～200 米海深的海缆工程，粗略估计造价上浮约 25%，对于 200 米以上的海缆工程，造价需进一步上浮约 30%。

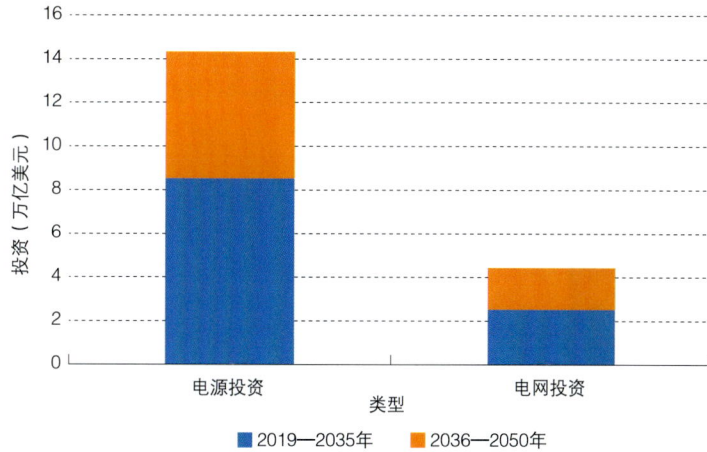

图 5-38　亚洲能源互联网投资规模与结构

2019—2050 年亚洲各区域电源与电网投资规模与结构分别如图 5-39 和图 5-40 所示。

2019—2035 年

亚洲能源互联网投资约 11 万亿美元。电源投资约 8.5 万亿美元，占比 77%；其中分布式电源投资约 1.5 万亿美元，占电源投资 18%。电网投资约 2.5 万亿美元，占比 23%；其中，特高压电网投资约 2667 亿美元、400 ~ 765 千伏电网投资约 3704 亿美元、345 千伏及以下电网投资约 18529 亿美元。

2036—2050 年

亚洲能源互联网投资约 7.7 万亿美元。电源投资约 5.8 万亿美元，占比 75%；其中分布式电源投资约 1.4 万亿美元，占电源投资 24%。电网投资约 1.9 万亿美元，占比 25%；其中，特高压电网投资约 2349 亿美元、400 ~ 765 千伏电网投资约 2831 亿美元、345 千伏及以下电网投资约 14156 亿美元。

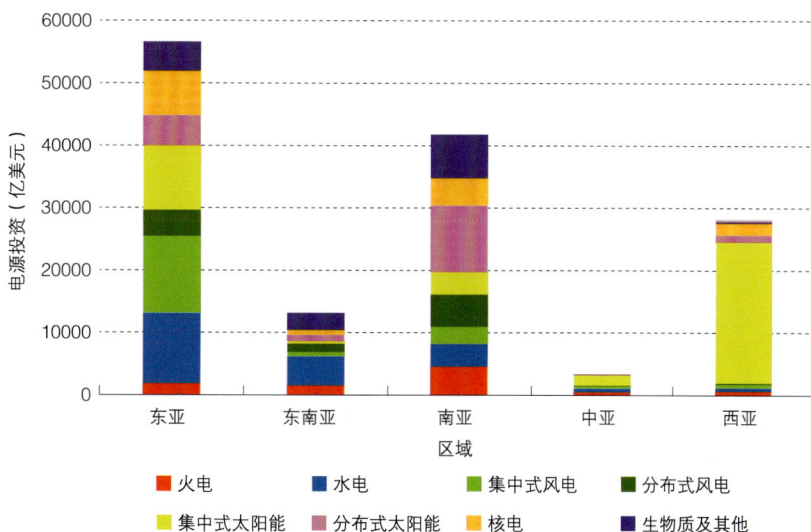

图 5-39　2019—2050 年亚洲各区域电源投资规模与结构

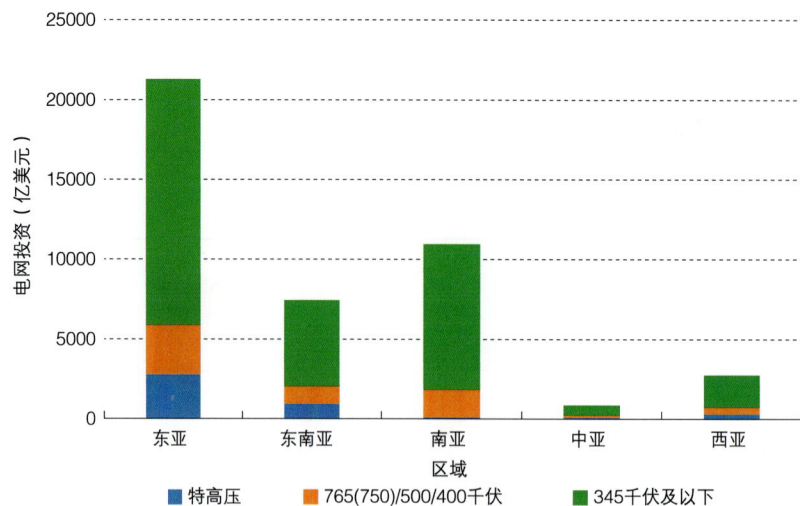

图 5-40 2019—2050 年亚洲各区域电网投资规模与结构

6

综合效益

亚洲能源互联网是加快推动亚洲清洁发展，促进经济包容性发展、提升社会福祉、改善环境气候、深化区域合作的重要载体，是实现亚洲经济、社会、环境、能源可持续发展的纽带和桥梁，具有巨大的综合价值。基于亚洲能源互联网发展的能源电力展望，统筹考虑生产、消费、投资、国际贸易等因素，采用综合效益评估模型（见附录1），系统分析亚洲能源互联网对经济社会发展的促进作用；综合考虑能源生产、传输、加工转换、终端利用对气候变化与生态环境影响，评估亚洲能源互联网环境效益；围绕促进政治互信和区域和平、推动洲内协同发展、强化一体化发展和包容性发展等维度，研判亚洲能源互联网政治效益。

6.1　经济效益

1　促进自然资源开发，将资源优势转变为经济优势

有效开发西亚、中亚丰富的清洁能源资源和东南亚、中亚各国丰富的矿产资源。以清洁能源为保障，发展矿产加工冶炼，加强工业园区建设，大力推动产业转型升级和经济可持续发展，以清洁和绿色方式满足亚洲发展中国家工业化发展需求。通过推动资源优势、生态优势、开放优势向产业优势、经济优势、发展优势转变，实现亚洲经济包容性可持续发展。

2　拉动地区投资，带动相关产业发展

构建亚洲能源互联网，将有力带动新能源、电力、装备制造、基础设施、金融等各产业的全方位发展，有效推动产业转型升级，加速新旧动能转换。到2035年，亚洲能源互联网总投资将达到约11万亿美元，到2050年总投资将达到约18.7万亿美元，对亚洲经济增长的平均贡献率为1.4%。从交通、建筑、工业、农业等多领域，实现绿色低碳化产业发展。

3　实现清洁永续可靠的能源电力供应

未来将以清洁和绿色方式满足亚洲经济社会发展的能源电力需求，摆脱对化石能源的依赖，实现能源清洁永续供应。到2035年和2050年，亚洲清洁能源占一次能源比重分别达到45%和69%，清洁能源发电量占比分别达到61%和80%。促进以清洁能源为主导的能源生产革命，从本质上改善能源生产格局。

4　加大电力贸易往来

根据亚洲各国的发展需求，对于自然资源丰富但发展相对滞后的地区，亚洲能源互联网建设将有效助力其发挥自然资源优势，形成以电力促工业，以贸易促投资的良性经济发展模式。并通过跨国电网互联将丰富的清洁能源电力送往其他国家和地区，提升域内电力贸易往来。到2035年和2050年，亚洲跨洲跨区电力输送规模可分别达到9430万千瓦和2亿千瓦。

5 获取联网效益

建设亚洲能源互联网，在各国电力基础设施基础上，加强跨国、跨洲互联互通，将清洁能源资源配置范围由本国扩大至周边国家及欧洲国家，通过跨洲跨区互联实现亚欧非联网，利用资源差改善电源特性，利用季节差和时区差共享优质清洁资源，利用价格差降低社会发展总成本。

6.2　社会效益

1 促进社会全面发展

推动清洁能源发电、特高压输电、大规模储能及智能配电网和微电网等技术实现突破和广泛应用，同时也通过电力的互联互通，带动基础设施建设，提高教育、医疗水平。通过亚洲能源互联网建设，解决能源供应问题，满足人民生产生活需要，实现脱贫致富全面发展。

2 降低能源供应成本

大规模开发利用清洁能源，扩大清洁能源优化配置范围，将有效降低能源供应成本。2050年，亚洲平均发电成本比目前下降约 40%，效益十分显著。

3 有效增加就业岗位

建设亚洲能源互联网，将有效带动电力能源、基础设施建设、材料开发与制造等相关领域就业岗位。到 2050 年，亚洲能源互联网建设将拉动上下游产业累计新增就业约 1.5 亿个。

4 提高电力普及率

可再生能源的大规模开发和电网互联互通，有助于拓宽能源供给渠道，提高洲内电力普及率。到 2050 年亚洲电能占终端能源比重将达到 55%。随着清洁能源发电快速发展、电价大幅下降，到 2050 年，基本消除无电人口。实现人人都能用得上、用得起的绿色、清洁、低价、可靠的电力供给。

6.3　环境效益

1 减少温室气体排放

化石能源利用是二氧化碳排放的主要来源，约占二氧化碳总排放量的 85%。当前亚洲由化石能源燃烧产生的二氧化碳排放量居各大洲之首，加速清洁能源开发利用，有效控制能源利用方面的二氧化碳排放，是应对气候变化的关键。构建亚洲能源互联网，以电网互联互通加速清洁能源高效、规模化开发利用，可以实现清洁能源优化配置和快速发展。通过"清洁替代"从源头上控制温室气体排放，通过"电能替代"促进各终端部门减排，从而实现温升控制目标。

构建亚洲能源互联网，至 2035 年能源系统年二氧化碳排放降至约 135 亿吨，较政策延续情景❶减少 30%；至 2050 年能源系统年二氧化碳排放进一步降至约 62 亿吨，较政策延续情景减少 74%，如图 6-1 所示。

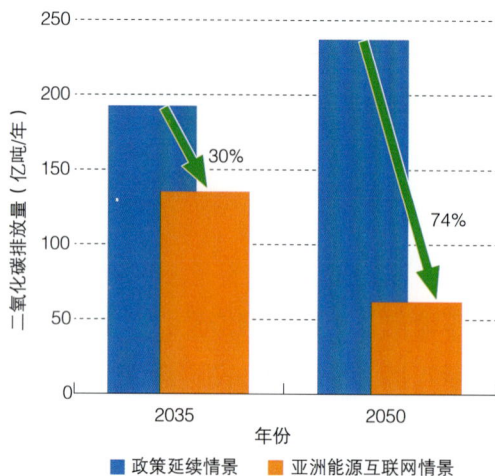

图 6-1　亚洲能源互联网碳减排效益

2　减少气候相关灾害

气候灾害主要包括干旱灾害、洪涝灾害、风灾等，是由气候原因引起的自然灾害，亚洲受气候灾害影响最大。构建亚洲能源互联网，从源头上减少温室气体排放，减缓全球和区域气候系统的异常变化和极端事件，有效降低沿海地区、特别是易受海平面上升影响的小岛屿国家的气候灾害发生风险；利用先进输电、智能电网技术，提升能源电力基础设施防灾能力和气候韧性，大力推进电力普及，促进解决无电人口用电问题，减少因气候灾害造成的经济损失和人员伤亡。

3　减少大气污染物排放

二氧化硫、氮氧化物和细颗粒物是全球三大主要空气污染物，颗粒物污染是亚洲城市地区的主要空气污染问题，化石能源消费是造成空气污染的重要原因。构建亚洲能源互联网，实施"清洁替代"，促进清洁能源大规模开发利用，从污染源头上直接减少化石能源生产、使用、转化全过程的空气污染物排放，实现以清洁、经济、高效方式破解"心肺之患"；实施"电能替代"，推动工业、交通、生活部门使用的煤炭、石油和天然气被清洁电力取代，减少工业废气、交通尾气、生活和取暖废气等排放，深度挖掘和释放各行业减排潜力，实现终端用能联动升级、空气污染联动治理。到 2035 年，与政策延续情景相比，每年可减少排放二氧化硫 1000 万吨、氮氧化物 960 万吨、细颗粒物 200 万吨，如图 6-2 所示；到 2050 年，与政策延续情景相比，每年可

---

❶　奥地利国际应用系统分析研究所（IIASA）发布的全球政策延续情景，该情景为各国延续现有已出台的相关政策所形成的经济、能源、电力、排放发展路径。

减少排放二氧化硫 3000 万吨、氮氧化物 3400 万吨、细颗粒物 650 万吨，如图 6-3 所示。

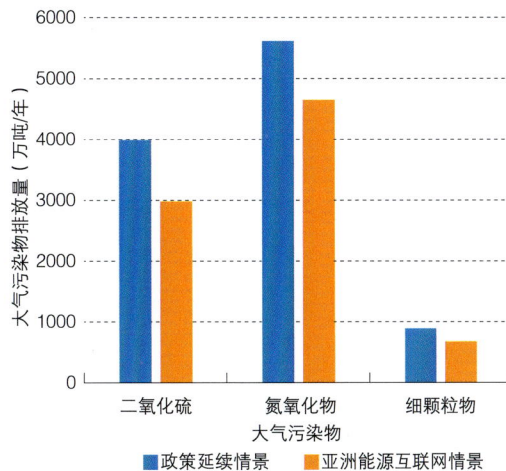

图 6-2　2035 年亚洲能源互联网大气污染物减排效益

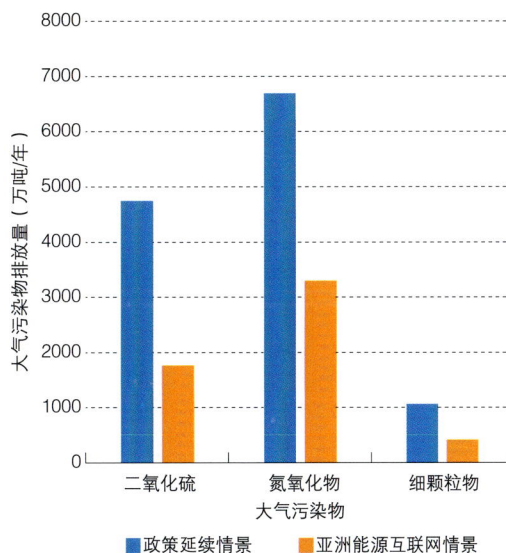

图 6-3　2050 年亚洲能源互联网大气污染物减排效益

4 提高土地资源价值

　　提高土地资源价值主要是指在荒漠化土地等人类未利用的土地上统筹开发清洁能源，提升土地经济价值，节约高价值土地的占用，实现经济社会发展与环境保护的有机结合。构建亚洲能源互联网，在亚洲西部等土地贫瘠、清洁能源资源丰富地区开发风能、太阳能等，增加地表粗糙度和覆盖度，促进增加区域降水并有效降低土壤水分蒸发量，促进荒漠土地恢复；通过互联互通将荒漠地区的清洁电能送至负荷地区，将生态环境劣势转化为资源开发利用优势，通过清洁能源外送、产业结构升级、资源协同开发等综合措施推动实施植树造林、改善土壤质量和建设农业基础设施，以保护水土和恢复生态环境。与政策延续情景相比，到 2035 年，亚洲每年可提高土地资源价值 410 亿美元；到 2050 年，亚洲每年可提高土地资源价值 860 亿美元。

6.4　政治效益

1　加强政治互信

通过构建亚洲能源互联网，建立能源、投资、人文、经贸、安全等多层面、多领域的交往与合作机制。通过实现各国清洁能源共享、电力互联互通和跨洲跨国交易，有力加强能源、经济合作，进一步深化亚洲各国间的政治往来和政治互信。

2　促进和平发展

在清洁能源开发使用和亚洲能源互联网建设过程中，各国有着共同的利益和目标，将有力改变长期以来以对立、竞争为主要特征的能源秩序，形成合作开放、互联互通、互利共赢的亚洲能源治理新格局。大大减少由能源资源争夺引发的矛盾和冲突，有力促进和谐发展。

3　推动洲内协同

通过构建亚洲能源互联网，突破自然资源禀赋限制，形成连接能源基地与负荷中心的电力通道，加快清洁能源资源开发和消纳，促进发展、增加就业、改善民生、提升亚洲整体稳定。加强各国在亚洲能源互联网建设上的合作，推动政府间相关政策的积极协同，不断拓展合作领域，形成多领域全方位的互利共赢合作模式。

4　服务亚洲一体化发展

通过构建亚洲能源互联网，加强亚洲各区域各国在能源领域的合作，推动在各方之间建立牢固的伙伴关系。秉承共商、共建、共享、共赢的理念，加强各国电力互联互通，增强各国间政治互信，促进亚洲和平和谐，助力人类命运共同体建设。

7

实现 1.5 摄氏度温控目标发展展望

构建亚洲能源互联网，通过搭建清洁能源开发、配置和使用的互联互通大平台，能够开发和利用洲内丰富的清洁能源资源和减排潜力，实现《巴黎协定》2摄氏度温控目标，这也为亚洲和全球进一步将温升控制在1.5摄氏度以内提供了可行路径和重要基础。本章综合考虑亚洲清洁能源资源、经济产业和技术发展条件，在建设亚洲能源互联网基础上，通过在能源供应侧加快清洁替代，在能源消费侧加大电能替代力度和深度，合理应用碳捕集与封存及负排放技术，研究和提出亚洲能源互联网加快发展情景方案，促进全球实现1.5摄氏度温控目标。

7.1　形势要求

实现1.5摄氏度温控目标对于全球可持续发展和各国福祉具有重大意义。实现1.5摄氏度温控目标能够确保全球气候系统风险更小，自然系统和人类系统更安全。全球1.5摄氏度和2摄氏度温升的气候特征存在巨大差异，包括陆地和海洋的平均温度、人类居住地区的极端气温、强降水与干旱概率等。相比2摄氏度温升，实现全球1.5摄氏度温升能防止150万～250万平方千米的多年冻土区融化，生物多样性受影响比例和高风险区域面积减少一半以上，并防止海洋渔业捕捞量大量减少；全球面临气候相关风险的人口和易致贫人口的数量将减少数亿，承受水资源缺口压力的人口占全球总人口的比例最高能下降50%；同时气候变化带来的全球整体经济发展风险会更低，易受贫困威胁的人口比重更低。

为实现1.5摄氏度温控目标，亚洲亟须全面提升气候行动力度。联合国政府间气候变化专门委员会研究表明，人类活动已导致全球温升高于工业化前水平约1.0摄氏度。如果延续现有排放趋势，2030年前后1.5摄氏度目标的排放空间即将用尽，全球温升可能在2030—2052年间达到1.5摄氏度。如果要将温升控制在1.5摄氏度以内，全球2018—2100年累积二氧化碳排放量应控制在4200亿～5800亿吨以内。❶这意味着相较2摄氏度目标，全球碳排放空间减少一半以上。亚洲经济体量、能源消费总量和碳排放总量巨大，未来经济发展对能源的需求将加速增长。要实现1.5摄氏度温控目标，亚洲各国碳排放需迅速达峰并加速下降，力争2050年左右实现近零排放。

7.2　实施路径

创新和推广各类高效、低碳能源技术，完善和强化各国低碳能源政策，持续加强区域能源合作，将有效促进亚洲加速能源清洁低碳转型，显著提升应对气候变化的行动力度和减排效果。

---

❶ 数据来源：联合国政府间气候变化专门委员会，全球1.5℃温升特别报告，2018。

7.2.1　清洁替代

能源供应侧加快清洁替代。充分利用清洁能源发电技术和区域经济快速发展的机遇，制定更大力度支持清洁能源产业发展的政策，建立更有利于清洁能源规模化、集约化开发和大范围互补、高效利用的机制，迅速提高清洁能源在亚洲能源供应中的比重，降低化石能源比重和温室气体排放水平。

水能开发方面　引入先进技术和工程建设管理经验，加快东亚、中亚、南亚及东南亚等区域大中型水电站建设；推进各流域水能综合开发研究，协调相关国家权益和流域梯级电站集中开发、高效送出。

风能开发方面　进一步加快东亚、中亚、西亚和南亚等区域大型陆上风电基地建设；积极研究开发海上风电，作为沿海地区补充电源。

太阳能开发方面　进一步加快东亚、中亚、西亚和南亚等区域大型太阳能发电基地建设；发展光热发电及光热 / 光伏混合发电，提高灵活调节能力和基地送出工程的利用率；充分利用建筑屋顶、农渔业设施和水面等空间，推进分布式光伏发电建设。

7.2.2　电能替代

能源消费侧深化电能替代。加大配套财政补贴和税收减免等政策力度，进一步加快电能替代相关技术研发速度，支持电气化产业发展，充分激发电能替代潜力，从而提高电能替代经济性、迅速扩大电能消费规模，推动终端用能结构以更快速度调整。

直接电能替代方面　加强电能替代政策性支持，加大电动汽车、电动机械等技术攻关和产业扶持力度，优化基础设施布局，构建新的商业模式和产业生态；加快推动动力电池、热泵等关键技术发展与突破，支持工业领域工艺创新，进一步提升直接电能替代经济效益；大力推广电锅炉、电窑炉、热泵、电钻机、电排灌等电能替代应用，激发电能替代市场活力，扩大电能替代规模。

间接电能替代方面　积极发展电制氢及燃料电池、电制合成燃料和原材料等新型电气化技术；加速推进相关基础设施建设，提升电制氢、电制合成燃料生产规模及运输、配置效率；促进成本快速下降，2040 年左右在金属冶炼、长途客运 / 货运、航空航海等领域大规模推广应用，进一步提高电气化、清洁化水平。

7.2.3　固碳减碳

推动固碳减碳技术应用。在更大力度推动能源供应侧清洁替代和能源消费侧电能替代、减少温室气体排放的基础上,进一步通过政策支持积极推动固碳减碳技术研发和商业化、规模化应用,直接减少空气中的温室气体。

01 碳捕集技术方面

碳捕集与封存技术二氧化碳减排成本2012年已下降至60美元/吨,预计到2030年初步具备应用经济性,远期将大规模应用于电力热力生产、重工业、化工等领域。为实现1.5摄氏度温控目标,预计到2050年,80%以上的火电厂和工业碳排放源将配置碳捕集装置。

02 负排放技术方面

在发电等领域,通过生物质联合碳捕集与封存技术能够实现负排放。生物质发电和生物质燃料技术应用均已初具规模,随着碳捕集与封存技术逐渐具备大规模应用的经济性,生物质联合碳捕集与封存技术机组规模将快速扩大,实现大规模的负排放,促进深度减排。

03 森林碳汇方面

在近海的干旱和半干旱地区,通过海水淡化补充淡水资源,扩大植被覆盖面积,促进生态修复,提高固碳能力。

7.3　情景方案

综合考虑亚洲清洁发展趋势、经济发展条件、技术创新方向、碳减排形势等方面要求,在前述章节亚洲能源互联网促进实现2摄氏度温控目标情景方案基础上,通过加快实施清洁替代、电能替代、固碳减碳等方面技术,研究和提出亚洲能源互联网促进实现1.5摄氏度温控目标情景方案。

7.3.1　能源需求

能源供应侧清洁替代速度加快,化石能源需求提前达峰,达峰后快速下降。能源消费侧深度电能替代和能源效率提升,电能占终端能源比重大幅提升。

一次能源需求

按发电煤耗法计算,2035年和2050年一次能源需求分别达到130.5亿吨标准煤和145.6亿吨标准煤,2016—2050年年均增速达到1.3%。煤炭、石油和天然气需求分别在2020、2025年和2035年左右达峰,达峰后快速下降。实现1.5摄氏度温控目标的亚洲一次能源需求情况如图7-1所示。

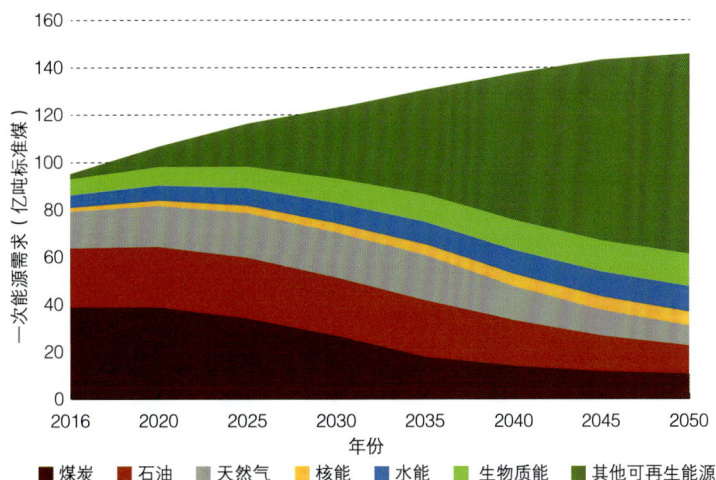

图 7-1   实现 1.5 摄氏度温控目标的亚洲一次能源需求预测

亚洲清洁替代速度持续加快，清洁能源在一次能源需求结构中的比重持续提升。2035 年和 2050 年清洁能源占一次能源比重分别提升至 57% 和 84%。其中，南亚和东亚清洁能源占比较高，分别达到 88% 和 85%，中亚地区清洁能源占比较低为 70%。实现 1.5 摄氏度温控目标的亚洲各区域清洁能源占一次能源比重预测如图 7-2 所示。

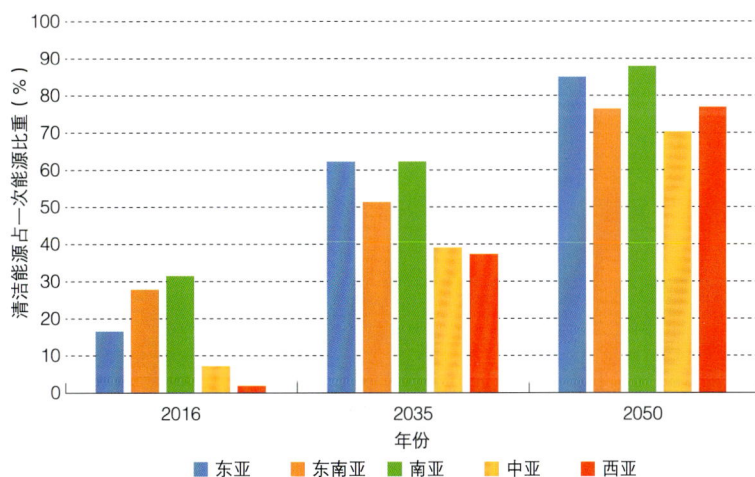

图 7-2   实现 1.5 摄氏度温控目标的亚洲各区域清洁能源占一次能源比重预测

终端能源需求

2035 年前终端能源需求较快增长，年均增速 1.5%，随后增速趋缓。2035 年和 2050 年终端能源需求总量分别为 81.3 亿吨标准煤和 83.7 亿吨标准煤。终端化石能源需求大幅下降，2035 年和 2050 年分别下降至 37.7 亿吨标准煤和 17.1 亿吨标准煤。实现 1.5 摄氏度温控目标的亚洲终端能源需求与电能占终端能源需求比重预测如图 7-3 所示。深度电能替代在终端各用能部门加快推进,预计到 2035 年和 2050 年,电能占终端能源比重分别达到 45% 和 68%,工业、交通、建筑部门电能占比分别达到 42% 和 64%、20% 和 59%、57% 和 74%。实现 1.5 摄氏度温控目标的亚洲终端各部门电能占比预测如图 7-4 所示。

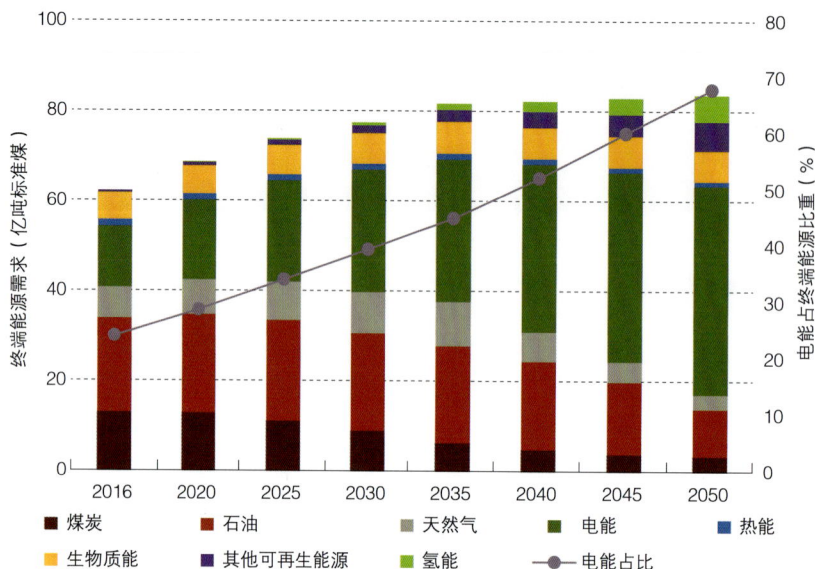

图 7-3　实现 1.5 摄氏度温控目标的亚洲终端能源需求预测

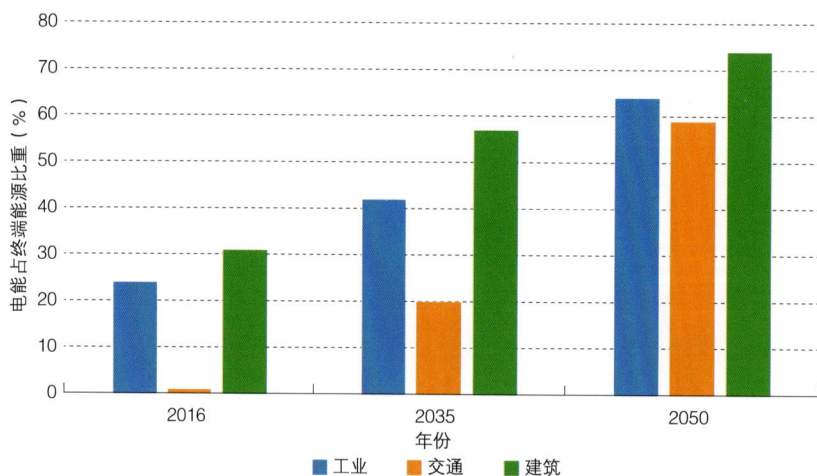

图 7-4　实现 1.5 摄氏度温控目标的亚洲终端各部门电能占比预测

7.3.2　电力需求

电力需求总量

实现 1.5 摄氏度温控目标的亚洲电力需求预测如图 7-5 所示。

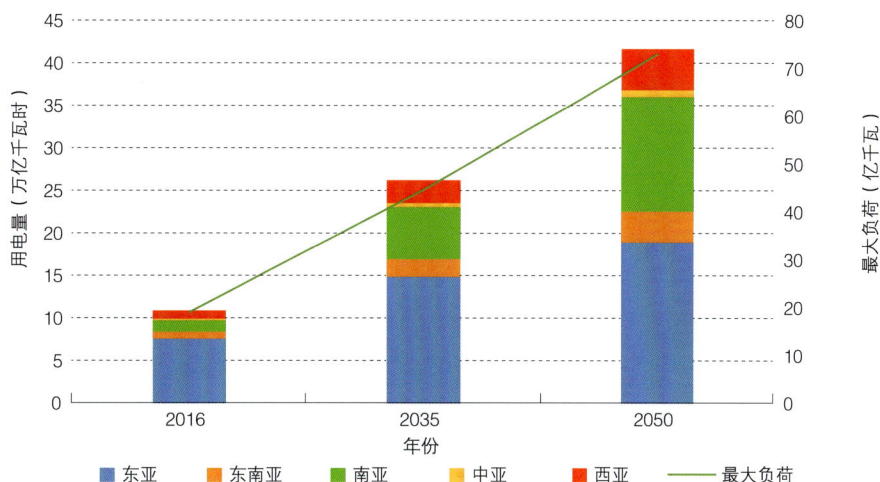

图 7-5　实现 1.5 摄氏度温控目标的亚洲电力需求预测

2035 年，亚洲总用电量约 26.3 万亿千瓦时，年均增速 4.7%；最大负荷约 44.7 亿千瓦，年均增速 4.6%；年人均用电量 5300 千瓦时。**2050 年，**亚洲总用电量约 41.7 万亿千瓦时，年均增速 3.1%；最大负荷约 73.1 亿千瓦，年均增速 3.3%；年人均用电量 8100 千瓦时。

分区域用电情况

实现 1.5 摄氏度温控目标的亚洲各区域用电量占比预测如图 7-6 所示。

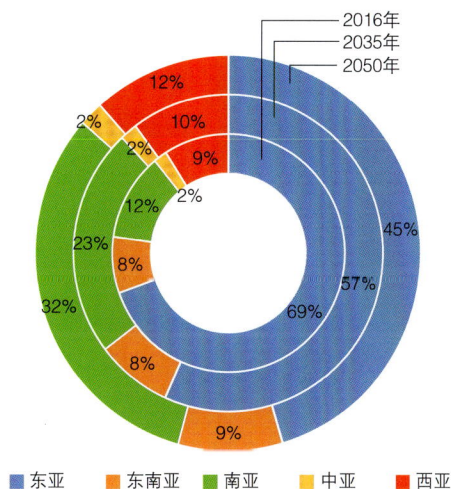

图 7-6　实现 1.5 摄氏度温控目标的亚洲各区域用电量占比预测

2035 年，东亚、东南亚、南亚、中亚和西亚用电量分别为 14.9 万亿、2.1 万亿、6.1 万亿、0.5 万亿千瓦时和 2.7 万亿千瓦时，分别为总用电量的 57%、8%、23%、2% 和 10%。**2050 年，**东亚、东南亚、南亚、中亚和西亚用电量分别为 19 万亿、3.6 万亿、13.5 万亿、0.8 万亿千瓦时和 4.8 万亿千瓦时，分别占总用电量的 45%、9%、32%、2% 和 12%。

7.3.3 电力供应

清洁能源装机规模加大开发，亚洲清洁能源装机比重进一步提高。实现 1.5 摄氏度温控目标的亚洲电源装机结构如图 7-7 所示。

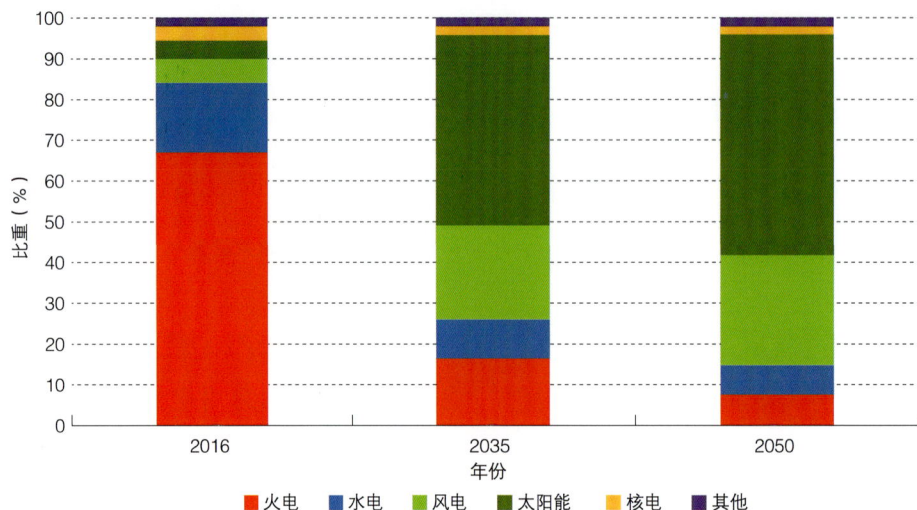

图 7-7　实现 1.5 摄氏度温控目标的亚洲电源装机结构

2035 年，亚洲电源总装机容量 111 亿千瓦，其中清洁能源装机容量 93 亿千瓦，占比由 2016 年的 33% 提升至 84%，成为主导电源。风电装机容量 25.7 亿千瓦，占比 23%；太阳能发电装机容量 51.7 亿千瓦，占比 47%；水电装机容量 10.6 亿千瓦，占比 10%；核电装机容量 2.4 亿千瓦，占比 2%。化石能源发电总装机容量 18.1 亿千瓦，占比由 2016 年的 67% 大幅下降至 16%。清洁能源发电量 20.5 万亿千瓦时，占比由 2016 年的 23% 提升至 76%。

2050 年，亚洲电源总装机容量 191 亿千瓦，其中清洁能源发电装机容量 177 亿千瓦，占比提升至 93%。风电装机容量 51.5 亿千瓦，占比 27%；太阳能发电装机容量 103.6 亿千瓦，占比 54%；水电装机容量 14 亿千瓦，占比 7%；核电装机容量 3.7 亿千瓦，占比 2%。化石能源发电总装机容量进一步下降至 14.1 亿千瓦。清洁能源发电量 39.5 万亿千瓦时，占比提升至 91%。

分区域看，到 2050 年东亚、东南亚、南亚、中亚和西亚电源装机容量分别达到 84 亿、14.5 亿、66.4 亿、4.4 亿千瓦和 21.5 亿千瓦，占亚洲总装机容量比例分别为 44%、8%、35%、2% 和 11%。实现 1.5 摄氏度温控目标的亚洲各地区电源装机展望如图 7-8 所示。

东亚清洁能源发电装机容量约78.3亿千瓦，占比提升至93%。其中，风电装机容量约28亿千瓦，占比33%；太阳能发电装机容量37.6亿千瓦，占比45%；水电装机容量8.6亿千瓦，占比10%。

东亚

东南亚清洁能源发电装机容量约12.7亿千瓦，占比提升至88%。其中，风电装机容量5亿千瓦，占比35%；太阳能发电装机容量4.4亿千瓦，占比30%；水电装机容量2.4亿千瓦，占比17%。

东南亚

南亚清洁能源发电装机容量约62.5亿千瓦，占比提升至94%。其中，风电装机容量16.2亿千瓦，占比24%；太阳能发电装机容量41.4亿千瓦，占比62%；水电装机容量2.1亿千瓦，占比3%。

南亚

中亚清洁能源发电装机容量3.9亿千瓦，占比提升至89%。其中，风电装机容量0.9亿千瓦，占比20%；太阳能发电装机容量2.6亿千瓦，占比59%；水电装机容量3700万千瓦，占比8%。

中亚

西亚清洁能源发电装机容量19.5亿千瓦，占比提升至91%。其中，风电装机容量1.2亿千瓦，占比6%；太阳能发电装机容量17.4亿千瓦，占比81%；水电装机容量4500万千瓦，占比2%。

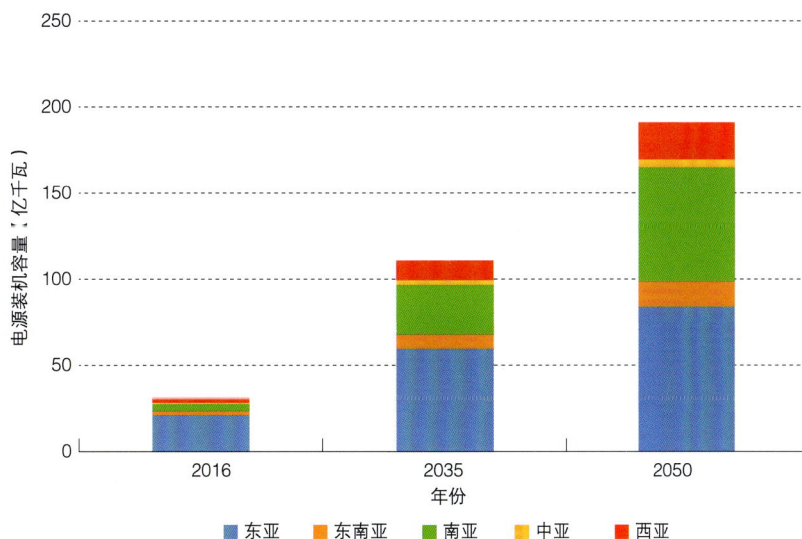

西亚

图 7-8　实现 1.5 摄氏度温控目标的亚洲各区域电源装机展望

7.3.4 电网互联

进一步加强大型清洁能源基地送出通道，扩大西亚、中亚及东亚中国西部和蒙古等大型清洁能源基地开发外送。加强跨洲跨区互联规模，2050 年跨洲跨区电力流规模达到 2.5 亿千瓦，其中跨洲电力流达到 6700 万千瓦，跨区电力流达到 1.8 亿千瓦。亚洲各区内加强国家间和各国内交流电网建设，提升清洁能源送出和消纳能力。实现 1.5 摄氏度温控目标的亚洲电力流示意如图 7-9 所示。

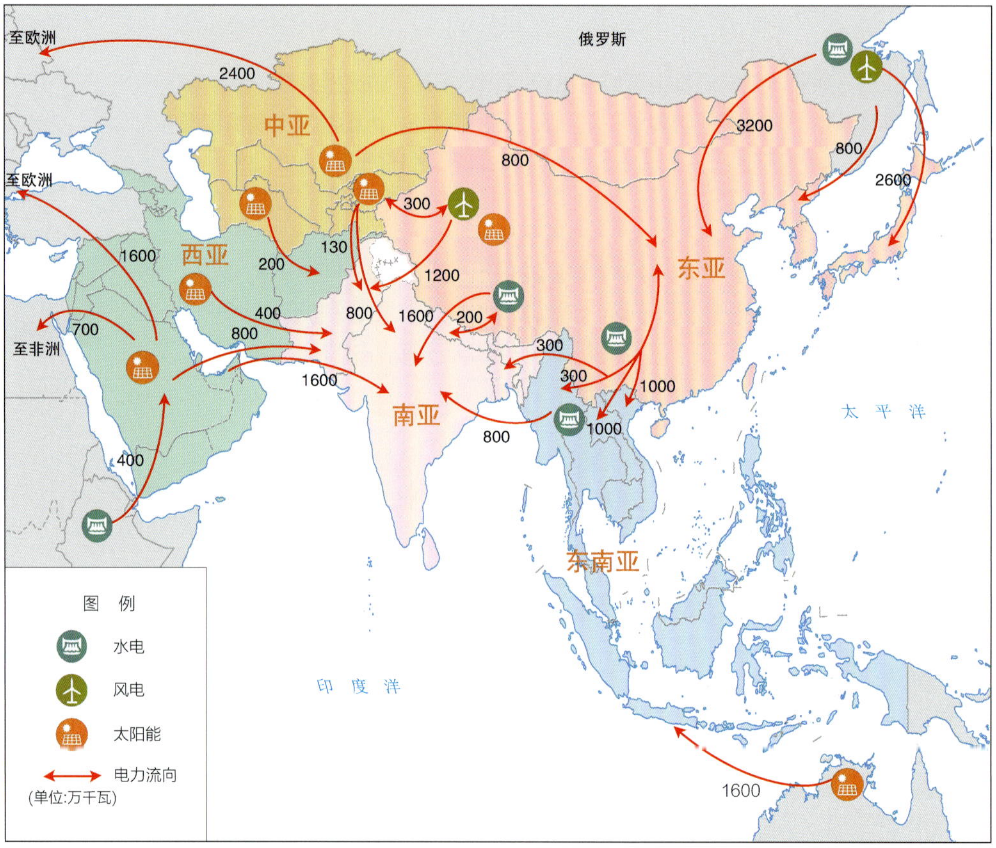

图 7-9　实现 1.5 摄氏度温控目标的亚洲电力流示意图

2050 年，亚洲电网保持"四横三纵"跨洲跨区电力互联通道，"四横"包括亚欧北横通道、亚欧南横通道、亚非北横通道和亚非南横通道，"三纵"通道包括亚洲东纵通道、亚洲中纵通道和亚洲西纵通道。

7.3.5 比较分析

实现《巴黎协定》全球 1.5 摄氏度温控目标可显著降低气候变化风险，对人类和生态系统产生更大效益，同时也对世界各国能源低碳转型和高比例清洁能源系统构建提出了更高要求。亚洲碳排放日益增长，面临巨大挑战，需要发挥科技优势，推动供应侧高比例清洁替代、消费侧深度电能替代和采用先进成熟的新技术；进一步加快能源转型，压减化石能源消费，2050 年实现构建零碳能源系统，助力实现 1.5 摄氏度温控目标。

着眼于助力实现全球 1.5 摄氏度温控目标，亚洲需要立足减少碳排放和加快经济社会发展等挑战，实现能源电力更快速度、更大规模清洁低碳转型发展，以清洁能源发电有力支撑应对气候变化和实现可持续发展。与助力实现全球 2 摄氏度温控目标相比，2050 年化石能源需求减少 41%；提升清洁能源开发比例，2050 年清洁能源电源装机增加 34%；加快电能替代，2050 年电能占终端能源比重提升约 13 个百分点；加强电网互联互通，提升资源配置能力，增加电力流规模约 4700 万千瓦；加大投资力度，到 2050 年清洁能源开发和电网建设投资累计增加 23%。2 摄氏度和 1.5 摄氏度情景下亚洲能源电力分析如图 7-10 所示。

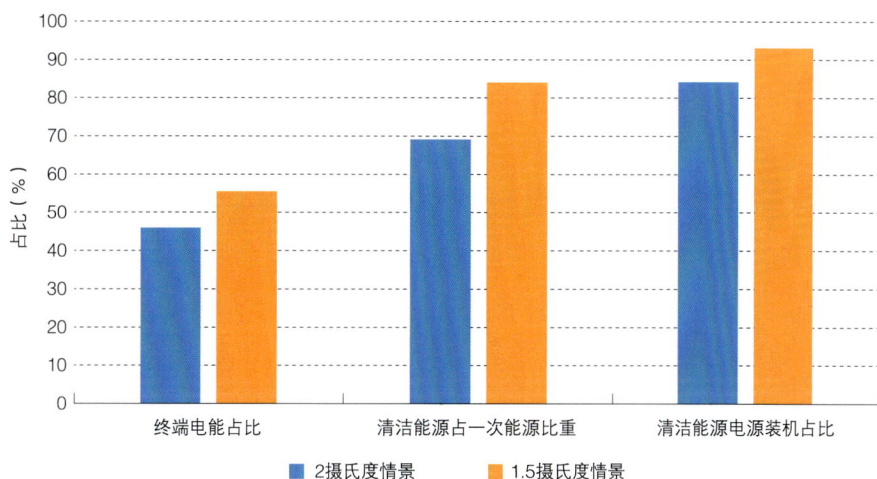

图 7-10 2 摄氏度和 1.5 摄氏度情景下亚洲能源电力分析

结　语

　　构建亚洲能源互联网是亚洲能源领域的重大创新，是加快亚洲能源变革转型，实现亚洲经济、社会、环境协调可持续发展的系统方案。亚洲能源互联网能够实现优质清洁能源资源大范围共享，保障能源电力清洁、安全、经济、高效供应，促进产业结构升级和区域合作共赢，有效应对气候变化和保护生态环境，开启亚洲可持续发展新篇章。

　　构建亚洲能源互联网是一项宏伟的事业，也是复杂的系统工程，涉及技术、经济、政治等多方面。需要全球各有关方面秉持共商、共建、共享、共赢原则，凝聚广泛智慧，开展务实合作，形成强大合力。未来需要在以下几方面共同努力。**一是扩大合作共识**，促进各国政府、能源企业、行业组织、社会团体等形成广泛共识，建立促进清洁发展和互联互通的合作框架和工作机制，出台激励支持政策，建立跨国跨洲能源电力市场和交易机制。**二是加强规划统筹**，发挥规划统领作用，强化顶层设计，加强各国家和地区发展规划统筹，推动产业链上下游协同联动，促进亚洲能源互联网与各国能源电力发展深入对接。**三是强化技术创新**，发挥创新驱动的关键作用，整合有关企业和研究机构的技术优势，加强高效清洁发电、先进输电、大规模储能和智能控制等方面关键技术装备的攻关和推广应用，推动建立技术标准协同体系。**四是推动项目突破**，加强商业模式和投融资方式研究创新，尽快推动一批经济性好、示范性强的清洁能源和电网互联互通项目落地实施。

　　构建亚洲能源互联网，符合亚洲各国共同利益，前景广阔、大有可为。衷心希望有关各方携手努力、密切协作，大力推动亚洲能源互联网建设，促进亚洲可持续发展，共创全人类更加美好的明天！

附录 1 研究方法与模型

1.1 总体框架

全球能源互联网研究以实现绿色清洁方式满足能源需求为目标，统筹考虑经济、社会、气候 / 环境和资源等因素，重点开展能源电力供需预测、电网互联方案研究和综合效益分析等。总体研究框架如附图 1-1 所示。

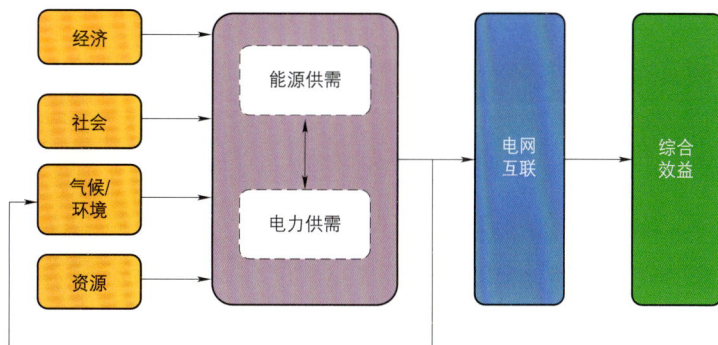

附图 1-1 全球能源互联网研究框架

1.2 主要模型

1.2.1 能源电力需求预测模型

能源电力需求预测模型是基于全球能源电力系统的复杂性以及能源电力转型的多目标导向，按照"自上而下"和"自下而上"相辅相成的思路，采用"模拟"与"优化"相结合方法，形成适用于中长期能源电力需求预测模型，如附图 1-2 所示。

"自上而下"是从宏观到微观，分析宏观经济发展对能源需求的影响；"自下而上"是从微观到宏观，分析各部门能源技术进步、效率提升、环境约束、能源政策等因素对能源需求的影响，预测能源消费强度、能源总体结构等。根据能源服务需求、能源消费强度等预测结果，采用回归分析、趋势外推、增长曲线等"模拟"方法，结合多目标或单目标"优化"模型实现终端能源电力需求预测。最后，考虑发电、供热、炼油等加工转换环节效率，计算全球 / 区域分品种一次能源需求。

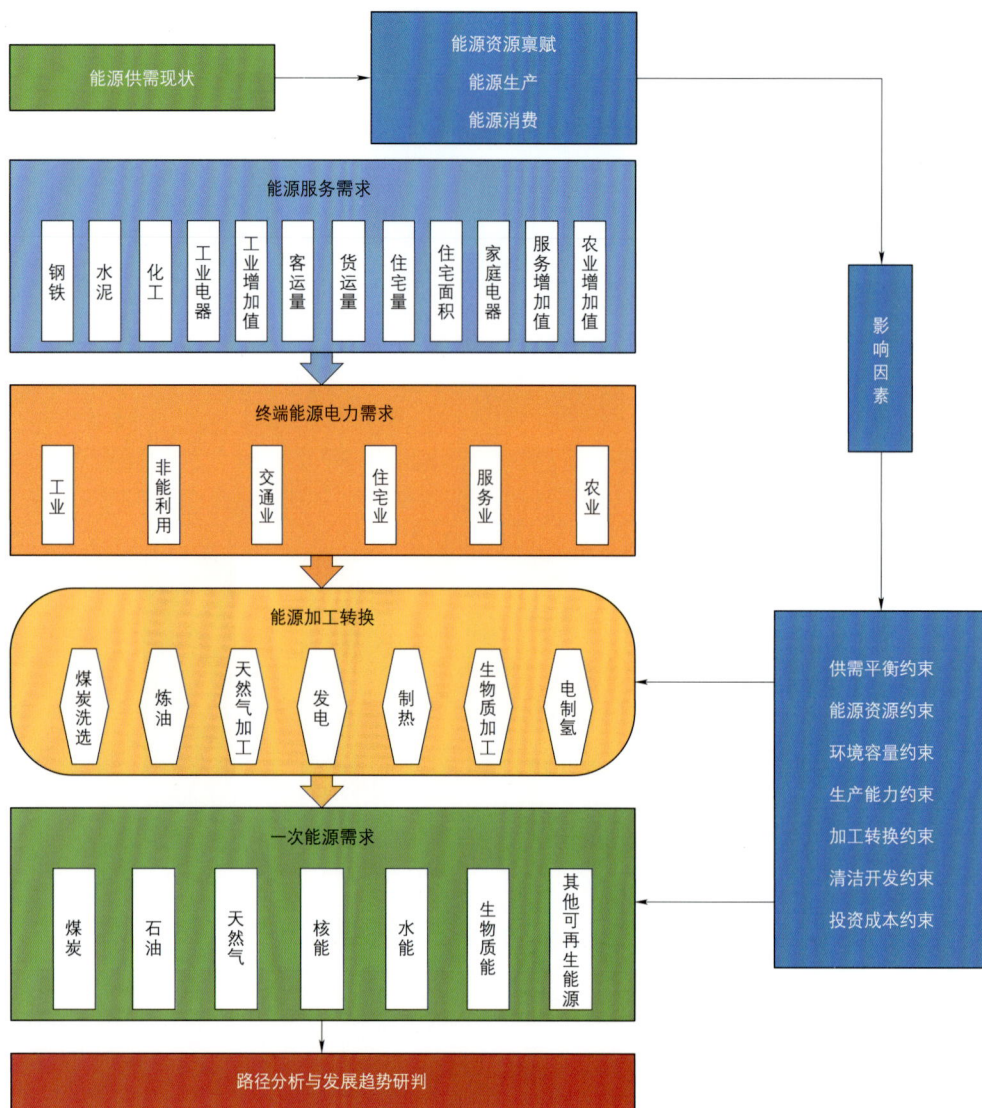

附图 1-2　能源电力需求预测模型

1.2.2　电源装机规划模型

电源装机规划模型主要以规划期内包括建设成本、运行维护成本和燃料成本等全社会总成本最低为目标，以能源政策、环境约束、能源资源、电力电量平衡等为约束条件，通过优化求解得到规划水平年装机规模、各类装机构成、开发时序、碳排放等，如附图 1-3 所示。

1.2.3　清洁能源资源评估模型

水能、太阳能和风能资源的开发利用是构建全球能源互联网的核心内容之一。清洁能源资源评估模型主要包括水能和风光能源资源评估模型，通过资源数据、数值模拟和算法研究得出评估指标，如附图 1-4 所示。评估指标主要有理论蕴藏量和技术可开发量，结合具体建设条件可以形成大型基地的初步开发方案。

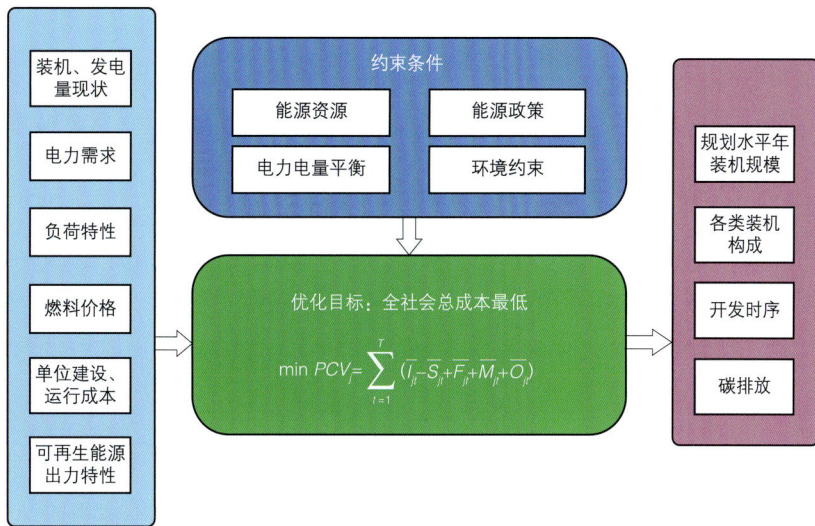

附图 1-3 电源装机规划模型

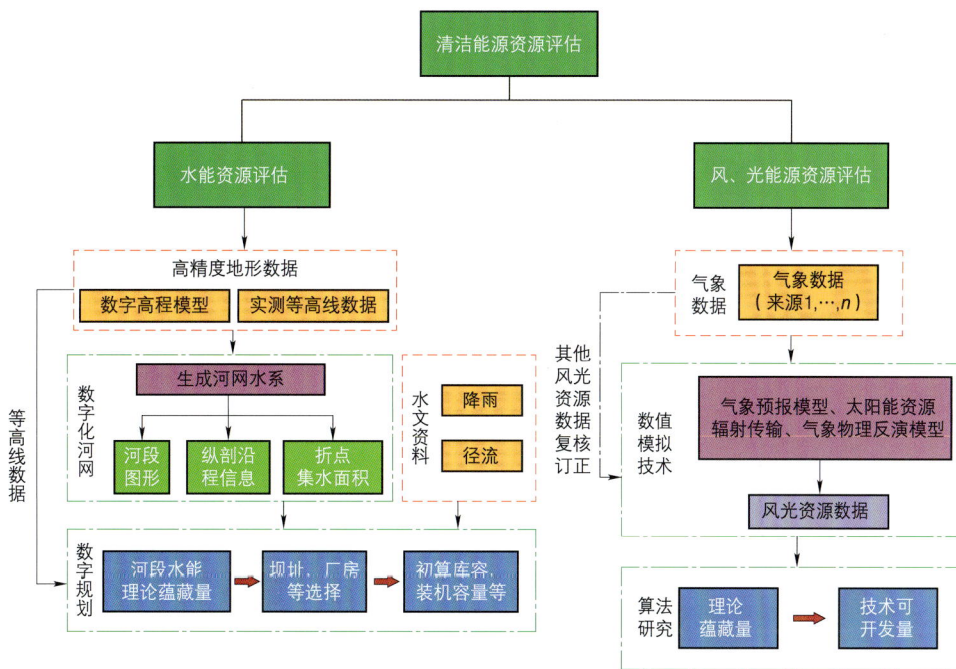

附图 1-4 清洁能源资源评估模型

理论蕴藏量： 水能理论蕴藏量以高精度地形数据为基础，通过填洼、流向、流量分析生成数字化河网。数字化河网具有完整的河网拓扑结构，可提取河段的矢量图形；河段长度、落差、比降等纵剖沿程信息；河段折点处的集水面积。结合流域降雨、河流径流等水文数据可计算每个河段的水能理论蕴藏量。风光资源的理论蕴藏量评估目前常用的有两种方法，一是观测资料法，利用风电场/光伏电站旁边气象站的长期观测资料，评估该地区资源理论蕴藏量。二是数值模拟法，利用卫星观测数据及气象数据，建立气象数值模型来模拟地面大气运行过程和地形对大气运动的作用，求得气候资源在空间上的分布趋势和给定区域内风光资源的分布状况。开展全球范围的风、光资源评估，主要采用数值模拟方法，该方法具有数据来源统一、覆盖范围完整的优势，在一些重点国家和局部地区，可以辅以地面气象站观测数据进行复核和订正。

技术可开发量： 卫星遥感、大数据和智能算法的推广应用，为开展全球范围的水电、风电和光伏发电资源精细化评估创造了条件。以地形等高线数据为基础，结合城镇分布、人口分布、交通设施、自然保护区、已建梯级等选址辅助数据，可确定水电站坝址、厂房等位置。根据位置信息可初拟水电站特征水位、计算库容、装机容量等水能参数。在风、光资源条件基础上，结合地理高程信息可以考虑地形、地貌的影响，结合地物覆盖，也就是耕地、森林分布信息，再加上各类自然保护区可以考虑人类活动的影响，结合断层、岩层可以考虑地质条件的影响，准确测算可开发利用的有效土地面积，再结合发电技术装备参数，计算技术可开发量。

1.2.4　综合效益评估模型

综合效益评估模型以 GTAP-E 模型为基础，通过在生产模块中新增能源替代特性，并进一步在算法、福利分解等方面进行修改，全面评估全球能源互联网经济社会效益，如附图 1-5 所示。包括生产模块、消费模块和国际贸易模块，详细刻画了各地区生产者、家庭和政府等主要经济主体的行为方式，构建了能够反映区域经济运行的均衡体系。模型在 GTAP-E 基础上，

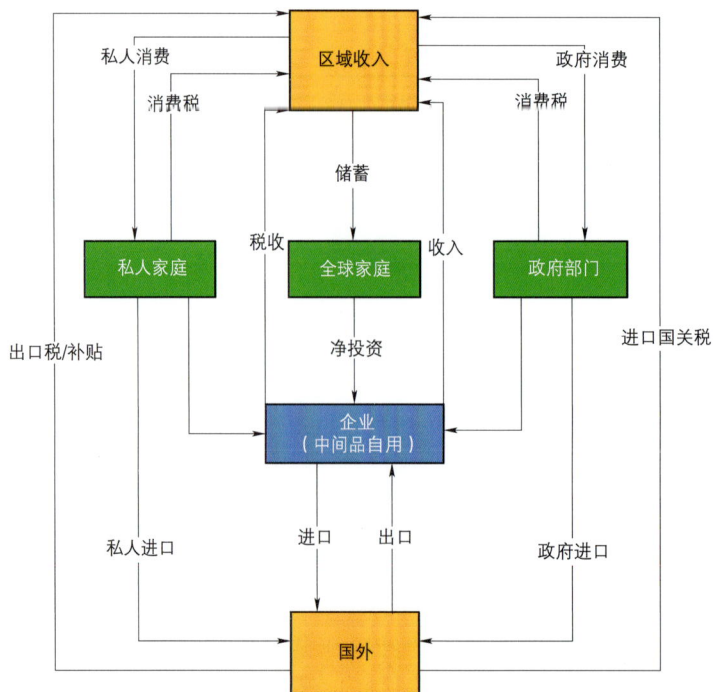

附图 1-5　综合效益评估模型框架

通过整合 GTAP-Power 数据库，扩展了 GTAP-E 原有的要素－能源嵌套结构，充分反映全球能源互联网的清洁替代和电能替代特点，如附图 1-6 所示。在区域和产业划分过程中，结合全球能源互联网布局和全球电力贸易流格局，全面评估清洁发展、电能替代和电力贸易等对全球经济活动的影响。

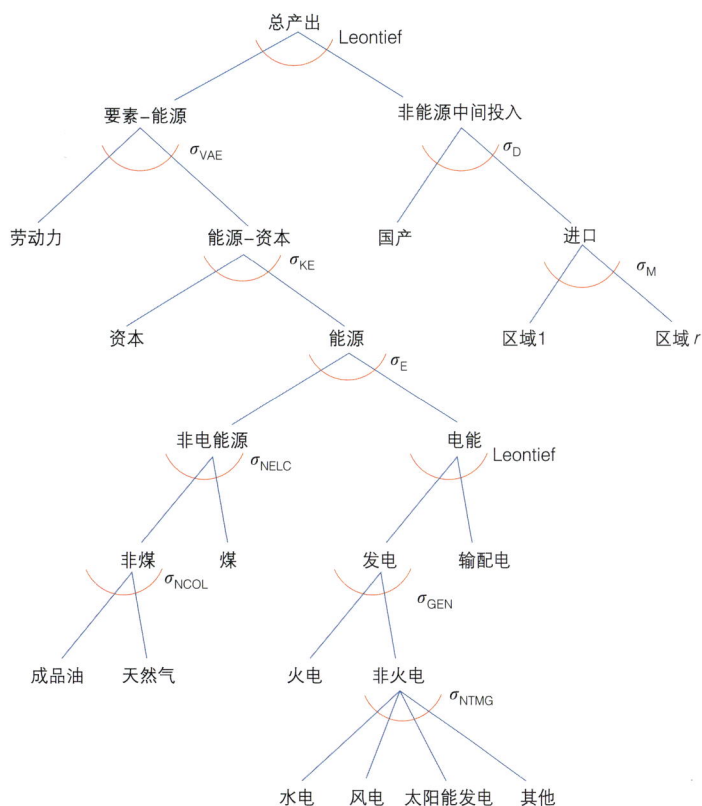

附图 1-6　生产模块嵌套结构

附录 2 基础数据表

附表 2-1 亚洲经济社会概况

国家 / 地区	人口（万人）	GDP 总量（亿美元）	GDP 增长率（%）	人均 GDP（美元）	出口额（亿美元）	进口额（亿美元）	碳排放量（百万吨）	电力普及率（%）
中国	142102	121435	6.8	8759	24242	22085	9102	100
日本	12750	48600	1.9	38332	8638	8184	1147	100
韩国	5110	15308	3.1	29743	6596	5769	589	100
朝鲜	2531	—	—	—	—	—	25	44
蒙古	311	114	5.3	3672	68	66	18	86
柬埔寨	1601	222	7.0	1385	135	142	9	89
老挝	695	169	6.9	2424	58	70	—	94
缅甸	5338	667	6.8	1250	133	187	21	70
泰国	6921	4553	4.0	6578	3104	2474	245	100
越南	9460	2238	6.8	2366	2273	2211	—	100
文莱	42	121	1.3	28572	60	43	6	100
印度尼西亚	26465	10154	5.1	3837	2050	1947	455	98
菲律宾	10517	3136	6.7	2982	973	1282	115	93
马来西亚	3110	3147	5.9	10118	2247	2028	216	99
新加坡	571	3384	3.7	60298	5801	4955	45	100
东帝汶	124	25	-9.2	2001	15	15	—	100
印度	133868	26526	7.2	1981	4982	5832	2077	93
孟加拉国	15969	2497	7.3	1564	375	506	73	88
不丹	75	25	4.6	3391	7	13	—	98
尼泊尔	2763	249	7.9	901	23	107	9	95
斯里兰卡	2113	880	3.4	4105	191	254	21	98
巴基斯坦	20791	3050	5.7	1467	251	535	153	73
马尔代夫	50	49	6.9	9802	33	35	—	100
土库曼斯坦	576	379	6.5	6587	85	118	69	100
乌兹别克斯坦	3196	592	4.5	1827	129	141	85	100
吉尔吉斯斯坦	619	77	4.7	1243	26	51	9	100
塔吉克斯坦	888	72	7.6	806	11	29	5	100
哈萨克斯坦	1808	1629	4.1	9030	560	428	230	100

续表

国家 / 地区	人口 （万人）	GDP 总量 （亿美元）	GDP 增长率 （%）	人均 GDP （美元）	出口额 （亿美元）	进口额 （亿美元）	碳排放量 （百万吨）	电力普及率 （%）
叙利亚	1747	—	—	—	—	—	26	90
黎巴嫩	682	534	0.6	7838	127	260	23	100
巴勒斯坦	464	—	—	—	—	—	23	100
以色列	824	3533	3.4	40544	1033	974	23	100
约旦	979	408	2.1	4169	143	230	24	100
伊拉克	3755	1932	−1.7	5144	742	690	140	99
科威特	406	1196	−3.5	29475	602	575	90	100
沙特阿拉伯	3310	6886	−0.7	20804	2400	2020	527	99
也门	2783	268	−5.9	963	—	—	9	80
阿曼	467	708	−0.9	15170	369	349	63	100
阿联酋	949	3826	0.8	40325	3840	2771	192	100
卡塔尔	272	1669	1.6	61264	852	622	79	99
巴林	149	354	3.8	23715	267	239	30	100
格鲁吉亚	401	151	4.8	4045	76	94	9	100
亚美尼亚	294	115	7.5	3915	43	57	5	100
阿塞拜疆	985	408	−0.3	4147	154	87	31	100
伊朗	8067	4540	3.8	5628	1132	1082	563	99
阿富汗	3630	202	2.7	556	12	92	—	98

注　人口数据来自联合国，碳排放数据来自国际能源署，其他数据来自世界银行；碳排放为 2016 年数据，其余均为 2017 年数据。

附表 2-2　亚洲能源发展现状与展望

区域	一次能源需求 （亿吨标准煤）			清洁能源占一次能源比重 （%）			终端能源需求 （亿吨标准煤）			电能占终端能源比重 （%）		
	2016	2035	2050	2016	2035	2050	2016	2035	2050	2016	2035	2050
东亚	57.2	64.5	66.2	16	48	72	37.1	39.9	39.3	28	48	58
东南亚	9.3	14.3	15.5	28	43	57	6.5	10.2	10.2	18	27	42
南亚	14.7	34.6	45.1	31	48	75	10.1	22.9	25.4	17	35	62
西亚	11.5	17.9	19.1	2	33	58	7.3	12.7	12.1	19	29	47
中亚	2.3	3.2	3.4	7	27	51	1.3	2.2	2.2	15	25	40
亚洲	95.0	134.5	149.3	18	45	69	62.3	87.9	89.2	24	39	55

注　2016 年数据根据国际能源署数据估算。

附表 2-3 亚洲电力发展现状与展望

国家/地区	2016				2035				2050			
	用电量（亿千瓦时）	年人均用电量（千瓦时）	总装机容量（万千瓦）	人均装机容量（千瓦）	用电量（亿千瓦时）	年人均用电量（千瓦时）	总装机容量（万千瓦）	人均装机容量（千瓦）	用电量（亿千瓦时）	年人均用电量（千瓦时）	总装机容量（万千瓦）	人均装机容量（千瓦）
中国	62030	4323	171470	1.19	120251	8200	434993	2.97	145900	10449	613987	4.40
日本	8871	6944	30112	2.36	12713	10728	41407	3.49	13428	12343	45626	4.19
韩国	5076	9993	11116	2.19	6960	13180	18532	3.51	7260	14389	21235	4.21
朝鲜	139	548	1001	0.39	1090	4041	3850	1.43	1840	6863	7200	2.69
蒙古	59	1959	113	0.37	172	4651	3040	8.22	319	7825	5130	12.59
柬埔寨	59	372	170	0.11	262	1328	1461	0.74	684	3106	2619	1.19
老挝	55	814	690	1.02	252	2999	3573	4.24	420	4584	6614	7.22
缅甸	149	282	521	0.10	980	1621	4799	0.79	1763	2827	13597	2.18
泰国	1877	2726	4489	0.65	3095	4473	8761	1.27	4882	7468	15035	2.30
越南	1432	1514	4077	0.43	3599	3303	11226	1.03	5922	5166	18448	1.61
文莱	38	8908	82	1.94	43	8543	98	1.93	49	9215	104	1.94
印度尼西亚	2134	817	6143	0.24	7026	2305	27360	0.90	11298	3514	43371	1.35
菲律宾	783	758	2213	0.21	1825	1376	4486	0.34	3044	2012	8176	0.54
马来西亚	1369	4388	3300	1.06	1957	5098	6460	1.68	2529	6060	8811	2.11
新加坡	477	8482	1335	2.37	747	11531	1550	2.39	866	13166	1513	2.30
东帝汶	4	315	—	—	25	1330	72	0.38	59	2437	239	0.99
印度	11365	858	36776	0.28	47994	3068	188500	1.20	90000	5425	416200	2.51
孟加拉国	536	329	1190	0.07	3280	1712	12935	0.68	8165	4044	48455	2.40
不丹	22	2758	163	2.05	60	6366	945	10.03	78	7845	2930	29.47
尼泊尔	50	173	94	0.03	438	1280	2350	0.69	1151	3188	6850	1.90
斯里兰卡	127	611	400	0.19	431	2006	2560	1.19	940	4519	3865	1.86
巴基斯坦	923	478	2690	0.14	6427	2461	23850	0.91	16881	5500	76300	2.49
马尔代夫	4	865	28	0.65	13	2453	70	1.32	26	4510	180	3.12

续表

国家 / 地区	2016				2035				2050			
	用电量（亿千瓦时）	年人均用电量（千瓦时）	总装机容量（万千瓦）	人均装机容量（千瓦）	用电量（亿千瓦时）	年人均用电量（千瓦时）	总装机容量（万千瓦）	人均装机容量（千瓦）	用电量（亿千瓦时）	年人均用电量（千瓦时）	总装机容量（万千瓦）	人均装机容量（千瓦）
土库曼斯坦	212	3744	400	0.71	290	4100	1773	2.51	410	5198	4289	5.44
乌兹别克斯坦	556	1768	1296	0.41	1200	3153	3553	0.93	2100	5128	6609	1.61
吉尔吉斯斯坦	130	2183	389	0.65	432	5918	1220	1.67	620	7642	1600	1.97
塔吉克斯坦	170	1946	551	0.63	316	2628	1291	1.07	571	3932	1350	0.93
哈萨克斯坦	1008	5604	2010	1.12	1897	9055	10242	4.89	2473	10771	19213	8.37
叙利亚	142	770	906	0.49	456	1579	2841	0.98	1112	3269	6291	1.85
黎巴嫩	157	2614	235	0.39	334	6260	803	1.50	459	8481	1563	2.89
巴勒斯坦	65	1357	17	0.04	140	1875	564	0.76	249	2566	874	0.90
以色列	550	6714	1759	2.15	1088	10237	5254	4.94	2036	16188	8153	6.48
约旦	168	1777	476	0.50	442	3733	2164	1.83	750	5286	3502	2.47
伊拉克	385	1035	2685	0.72	1589	2656	12061	2.02	3918	4808	20861	2.56
科威特	578	14263	1889	4.66	1257	24592	3426	6.70	1639	29042	5026	8.91
沙特阿拉伯	2962	9177	8294	2.57	7446	18021	34160	8.27	11011	24438	53610	11.90
也门	37	134	182	0.07	143	358	1253	0.31	260	538	2253	0.47
阿曼	289	6531	817	1.85	1251	20413	6287	10.26	1803	26685	10637	15.74
阿联酋	1132	12212	2891	3.12	2963	25450	11577	9.94	3894	29582	16627	12.63
卡塔尔	372	14476	880	3.42	811	23835	2083	6.12	1057	28013	3083	8.17
巴林	261	18314	393	2.76	395	18615	588	2.77	577	24795	763	3.28
格鲁吉亚	124	3159	464	1.18	240	6541	970	2.65	322	9499	1941	5.72
亚美尼亚	53	1812	408	1.40	150	5223	620	2.16	223	8270	889	3.29
阿塞拜疆	202	2077	788	0.81	548	5048	2071	1.91	806	7299	3214	2.91
伊朗	2363	2944	7656	0.95	6010	6642	17160	1.90	8050	8605	33181	3.55
阿富汗	55	159	63	0.02	330	648	706	0.14	1150	1857	2775	0.45

注 2016 年数据来自美国能源信息署。

附表 2-4　亚洲电源装机结构现状与展望

单位：万千瓦

国家/地区	火电			水电			风电			太阳能			核电			生物质及其他		
	2016	2035	2050	2016	2035	2050	2016	2035	2050	2016	2035	2050	2016	2035	2050	2016	2035	2050
中国	106734	115590	88319	33676	62927	74367	14885	108851	188206	7840	126584	236568	3869	13557	16733	4466	7484	9794
日本	16485	17500	9600	4910	6800	8300	370	5800	10800	4060	8800	14800	3900	1507	276	387	1000	1850
韩国	7424	8300	4400	696	1600	2500	107	3000	4800	450	3000	6700	2308	1832	1635	132	800	1200
朝鲜	450	1400	1900	550	750	1000	0	900	2300	1	800	2000	0	0	0	0	0	0
蒙古	105	900	1500	3	50	80	5	1400	2400	1	650	1100	0	0	0	0	40	50
柬埔寨	73	97	160	93	315	859	0	696	1000	2	348	500	0	0	0	2	5	100
老挝	190	300	712	500	1200	2500	0	1815	3000	0	257	400	0	0	0	0	1	2
缅甸	208	500	1238	310	2295	6100	0	612	2200	3	1269	3817	0	0	0	0	123	242
泰国	3394	3970	5145	460	467	900	51	2091	5000	245	1654	3000	0	100	200	340	479	790
越南	2332	2273	3360	1710	3511	4558	16	2979	5000	1	947	3100	0	500	800	18	1015	1630
文莱	82	87	86	0	0	0	0	6	9	0	5	9	0	0	0	0	0	0
印度尼西亚	5258	9383	14004	538	3160	4750	0	2481	4000	6	9926	16500	0	0	0	340	2411	4117
菲律宾	1447	1805	2566	430	1579	3375	43	600	1500	77	101	190	0	0	0	217	402	545
马来西亚	2571	3068	4200	603	1126	1200	0	1315	2000	34	629	900	0	200	400	92	122	111
新加坡	1309	1418	1223	0	0	0	0	10	50	13	55	100	0	0	0	13	66	140
东帝汶	—	40	72	—	25	35	—	6	42	0	1	90	0	0	0	0	0	0
印度	26713	56500	59000	4747	7000	9000	2828	34000	93700	965	80000	233000	624	2000	6300	900	9000	15200
孟加拉国	1150	4080	5500	23	55	55	0	300	400	17	8000	41500	0	200	500	1	300	500
不丹	2	5	0	161	800	2400	0	30	150	0	70	300	0	0	0	0	40	80
尼泊尔	5	150	250	86	1800	3600	0	50	300	3	150	2200	0	0	0	0	200	500
斯里兰卡	212	235	0	167	225	225	15	1000	1660	5	1000	1880	0	0	0	2	100	100
巴基斯坦	1720	9050	10000	732	4200	5800	59	1000	5000	41	8000	52000	101	1000	1900	37	600	1600
马尔代夫	27	20	40	0	0	0	0	10	40	1	40	100	0	0	0	0	0	0
土库曼斯坦	400	1200	1800	0	15	39	0	23	30	0	525	2400	0	0	0	0	10	20
乌兹别克斯坦	1117	1275	2475	179	200	234	0	268	80	0	1800	3800	0	0	0	0	10	20
吉尔吉斯斯坦	80	139	160	309	1037	1378	0	9	15	0	25	27	0	0	0	0	10	20

续表

国家/地区	火电			水电			风电			太阳能			核电			生物质及其他		
	2016	2035	2050	2016	2035	2050	2016	2035	2050	2016	2035	2050	2016	2035	2050	2016	2035	2050
塔吉克斯坦	32	57	90	519	1196	1200	0	13	20	0	15	20	0	0	0	0	10	20
哈萨克斯坦	1729	3868	4468	270	444	900	6	2400	6195	6	3500	7600	0	0	0	0	30	50
叙利亚	755	841	841	150	150	150	0	100	100	0	1750	5200	0	0	0	1	0	0
黎巴嫩	204	274	274	29	29	29	0	50	60	2	450	1200	0	0	0	0	0	0
巴勒斯坦	14	24	24	0	0	0	0	40	50	3	500	800	0	0	0	0	0	0
以色列	1666	2051	2051	1	1	0	3	50	100	86	3150	6000	0	0	0	3	2	2
约旦	427	522	522	1	1	0	18	100	200	30	1500	2700	0	40	80	0	0	0
伊拉克	2430	2860	2860	251	401	501	0	300	600	4	8500	16900	0	0	0	0	0	0
科威特	1885	1826	1826	0	0	0	1	100	400	3	1500	2800	0	0	0	0	0	0
沙特阿拉伯	8287	6900	6900	0	0	0	0	2500	5300	7	22700	39200	0	1760	1760	0	300	450
也门	152	153	153	0	0	0	0	400	500	30	700	1500	0	0	100	0	0	0
阿曼	817	787	787	0	0	0	0	600	850	0	4900	9000	0	0	0	0	0	0
阿联酋	2877	2877	2877	0	0	0	0	200	250	14	7500	12000	0	1000	1500	0	0	0
卡塔尔	875	879	879	0	0	0	0	100	200	1	1100	2000	0	0	0	4	4	4
巴林	392	463	493	0	0	0	0	5	20	1	120	250	0	0	0	0	0	0
格鲁吉亚	170	115	115	292	773	1400	2	50	373	0	2	3	0	0	0	0	30	50
亚美尼亚	239	170	239	131	200	270	0	40	60	0	200	300	38	0	0	0	10	20
阿塞拜疆	669	1027	700	111	308	358	2	150	550	—	502	1402	0	0	0	4	84	204
伊朗	6464	10319	9700	1077	1200	1260	19	46	81	—	5505	22050	92	90	90	1	0	0
阿富汗	28	432	1050	33	83	490	0	52	335	—	139	900	0	0	0	0	0	0

注 2016 年数据来自美国能源信息署。

参 考 文 献

［1］ 刘振亚.全球能源互联网.北京：中国电力出版社，2015.

［2］ 刘振亚.特高压交直流电网.北京：中国电力出版社，2013.

［3］ 联合国.变革我们的世界：2030年可持续发展议程.2015.

［4］ 联合国政府间气候变化专门委员会.全球1.5℃温升特别报告.2018.

［5］ 庄巨忠.亚洲的贫困、收入差距与包容性增长：度量、政策问题与国别研究.北京：中国时政经济出版社，2012.

［6］ 成伟光.国际区域经济合作新高地探索.北京：社会科学文献出版社，2013.

［7］ 黄群慧，韵江，李芳芳.工业化蓝皮书"一带一路"沿线国家工业化进程报告.北京：社会科学文献出版社，2015.

［8］ 朴光姬，钟飞腾，李芳."一带一路"建设与东北亚能源安全.北京：中国社会科学出版社，2017.

［9］ 张晓涛.中国与"一带一路"沿线国家经贸合作国别报告：东南亚与南亚篇.北京：经济科学出版社，2017.

［10］ 王勤.东南亚地区发展报告（2016—2017）.北京：社会科学文献出版社，2018.

［11］ 郭利华，李佳珉，葛宇航，等.中国—中亚—西亚经济走廊.北京：中国经济出版社，2018.

［12］ 朱翠萍.印度洋地区发展报告.北京：社会科学文献出版社，2018.

［13］ 孙力.中亚国家发展报告（2018）.北京：社会科学文献出版社，2018.

［14］ 林毅夫，张军.产业政策：总结、反思与展望.北京：北京大学出版社，2018.

［15］ 联合国减少灾害风险办公室.经济损失，贫穷和灾难（1998—2017）.

［16］ 联合国环境规划署.全球环境展望6——亚太区域评估.2016.

［17］ 世界银行.世界发展指标.2016.

［18］ 国际能源署.全球能源展望报告.2018.

［19］ 国际能源署.全球能源平衡.2017.

［20］ 国际可再生能源署.全球能源转型路线图.2019.

［21］ IEA. Electricity Information 2017. 2017.

［22］ IEA. Energy Policies of IEA Countries，Japan，2016 Review. 2016.

［23］ Energy Charter. Gobitec and Asian Super Grid for Renewable Energies in Northeast Asia. 2014.

［24］ MOTIE. Korea Energy Master Plan Outlook and Policies to 2035. 2014.

［25］ MOTIE. 8th Basic Plan for Long-Term Electricity Supply and Demand（2017—2031）. 2017.

［26］ METI. Long-term Energy Supply and Demand Outlook. 2015.

［27］ OCCTO. Aggregation of Electricity Supply Plans Fiscal Year 2017. 2017.

［28］ 国家能源局 . 能源生产和消费革命战略（2016—2030）. 2017.

［29］ 中国电力企业联合会 . 中国电力行业年度发展报告 2018. 北京：中国市场出版社，2018.

［30］ 国家能源局 . 水电"十三五"规划（2016—2020）. 2016.

［31］ 中国能源中长期发展战略研究项目组 . 中国能源中长期（2030、2050）发展战略研究——可再生能源卷 . 北京：科学出版社，2011.

［32］ Energy Commission. Peninsular Malaysia Electricity Supply Outlook 2017. 2017.

［33］ ACE. The 5th ASEAN energy outlook 2015—2040. 2017.

［34］ IEA. Southeast Asia Energy Outlook. 2017.

［35］ World Bank. Middle East and North Africa Integration of Electricity Networks in the Arab World. 2013.

图书在版编目（CIP）数据

亚洲能源互联网研究与展望 / 全球能源互联网发展合作组织著 . —北京：中国电力出版社，2019.11
ISBN 978-7-5198-3939-0

Ⅰ.①亚…　Ⅱ.①全…　Ⅲ.①互联网络－应用－能源发展－研究－亚洲　Ⅳ.①F430.62

中国版本图书馆 CIP 数据核字（2019）第 250713 号

审图号：GS（2019）5385 号

出版发行：中国电力出版社
地　　址：北京市东城区北京站西街 19 号（邮政编码 100005）
网　　址：http://www.cepp.sgcc.com.cn
责任编辑：周天琦（010-63412243）
责任校对：黄　蓓　常燕昆
装帧设计：张俊霞
责任印制：钱兴根

印　　刷：北京盛通印刷股份有限公司
版　　次：2019 年 11 月第一版
印　　次：2019 年 11 月北京第一次印刷
开　　本：880 毫米 ×1230 毫米　16 开本
印　　张：9.5
字　　数：206 千字
定　　价：140.00 元